不便益のススメ
―新しいデザインを求めて

川上浩司

岩波ジュニア新書 891

目　次

プロローグ　不便な生活，始めました …… 1

受験／下宿探し／風呂／台所／スマホを下宿に置いてきた日には／不便だ，メンドくさ！はマイナス／ホームセンターで本棚を買う／食洗機なし／コップ洗いをモノグサしてみた／プチ冒険してみた

1　「不便益」の時代がやってきた ………… 25

(1) 現実味をおびてきたドラえもんの世界 ………… 27
(2) AIブームが「便利」に拍車をかける ………… 29
　ゲームに勝つ／試験問題を解く／運転支援から自動運転へ
(3) ボタン一つでなんでもできる・してくれる家・社会 ‥ 37
(4) 効率化・自動化は工学の最優先課題 ………… 42
(5) でも「便利」ってなんか気持ち悪い ………… 43
　ポーランドから来日した友人は日本語が話せない／グローバリゼーションは便利ですが／信じるしかないのですが
(6) そして「これからは不便益やでぇ」と
　　ある教授が言った ………… 49
　人とモノの関わり合いは代替だけではない／人と自然との関わりは断絶だけではない／人とコトの関わり方は分業だけではない／無駄な無駄と無駄でない無駄

2 数式化できないものにある価値 ……… 57

(1)定量化できない，数式化できないものを探して ‥ 59
試験の点／看護師／もの作り／数字にして「意味のあること」と「ないこと」

(2)不便の効用あれこれ ………………………… 65
小さな不便が満載の幼稚園／バリアアリーの施設／効率重視ツアーと不便なツアー／引っかかる講義／紙の辞書と電子辞書／バイク通学から徒歩通学へ／部屋にテレビがある宿とロビーにしかテレビがない宿

(3)便利な社会＝やらせてもらえない社会 ………… 75
やらなくていいよが，やっちゃいけないに／やらなくてよい，だらけになる／「火の鳥」のナナ／自由な社会と便利な社会

(4)便利と不便，益と害を捉え直す ……………… 80

(5)不便から得られる8つの益 ………………… 83
主体性が持てる／工夫できる／発見できる／対象が理解できる／安心・信頼できる／上達できる(飽和しない習熟)／私だけ感／能力低下を防ぐ

(6)懐古趣味でもなく，便利を否定するでもなく …… 101
便利は人をダメにする？／便利は人から仕事を奪う？／今苦しんでおけば，後から良いことがある？／楽ではないが楽しい／不便益ですか？

目 次

3 「不便益」をデザインする，形にするのは面白い！ ・・・・・・・・・・・・・・・・・・ 107

(1) 不便益がキーワードのデザイン・もの作り ・・・・・・ 109
足こぎ車椅子／かすれていくナビ／消えてゆく絵本／素数ものさし／弱いロボット／不便な京土産／左折オンリーツアー／刻印のないキーボード

(2) 不便益システム研究所 ・・・・・・・・・・・・・・・・・・ 124
車の研究／発想支援の研究／コミュニケーション場のメカニズムデザインの研究／学びの研究／ロボットの研究／観光の研究／人間活動支援の研究

(3) ユーザーエクスペリエンスの時代へ ・・・・・・・・・・・・ 134
スマホを持たない経験／時計を持たない経験／写真を撮らない経験

(4) 不便益デザインワークショップ ・・・・・・・・・・・・ 142
京都大学サマーデザインスクール／FBL／PBL／JIDA の学生コンペ／共生システム論研究室

エピローグ　便利って何？ ・・・・・・・・・・・・・・・・・・ 151

(1)「便利」とはなんでしょう ・・・・・・・・・・・・・・・・・・ 153

(2) もし世界が便利だらけだったら ・・・・・・・・・・・・・・ 155

(3) 不便益という選択肢が必要な社会 ・・・・・・・・・・・・ 157
デジタルデトックス／ニュージーランドから帰ってみると

(4) 不便益をなぜ研究するのか ・・・・・・・・・・・・・・・・ 160

価値工学で不便の益を得るための便利／不便益デザインのためのメソッド／関係性と多様性の回復／不便益を研究するワケ／不便益を研究するもう一つのワケ

おわりに ………………………… 171

「不便益を深く知るために役立つ本」を
参考文献として ………………… 175

本文イラスト＝オオタガキ フミ

プロローグ
不便な生活，始めました

プロローグ 不便な生活，始めました

● 受験

　京都の大学に合格した僕は，生まれて初めて親元を離れ，期待と不安の一人暮らしを始めます．そのため，今から下宿を探しに行きます．

　期待と不安といえば，入試もそうでした．必ず合格することがわかっているなら安心でしたが，そうもいきません．

　「未来予知ができる便利な超能力があったら良いのに」と夢みることもありました．でも，今から思うと，もし予知能力があって「落ちる」ことがわかっていたら，僕はどうしていたでしょう？　志望校を変え，予知のお告げの通りにギリギリ合格できる大学を受験していたかもしれません．

　このように，未来を知る力があったら今の僕のように期待と不安でドキドキしながら下宿探しをしているはずは，ありませんね．何が起きるかわかっちゃうのだから，期待もなければ不安もないです．

　もし予知能力があって「合格する」ことがわかっていたら，僕はどうしていたでしょう？　ちょっと想像してみると，僕は受験勉強なんて意味がないと思って，何もしない日々を送ります．そして予知の通り合格して，今の僕のように下宿探しを始めるのでしょう．だけど，そ

んなに嬉しくはないはずです．だって，合格することはわかっていたのですから．

　予知能力って，便利なようで，使い方によっては嬉しくない能力のようです．

🌸 下宿探し

　さて，下宿は築30年ぐらいの物件を探そうと思っています．もちろん，新築物件より古めの物件にして家賃を抑えようという目論見(もくろみ)もあります．でも，それよりも，この4月から通う大学の寮を紹介した新聞記事を読んだことが，僕に「築30年」と思わせたのです．かなり前のことです．とある新聞に，この大学の寮の玄関に一番近い部屋には，誰も住んでいなかった．そこでほかの部屋の寮生たちは，この部屋の畳を剥ぎ，床板を外し，地面を耕し，稲を植えてしまった．今年，初の収穫ができる予定である，といった内容の記事が載っていました．

「寮の一室を勝手に田んぼにする？」

「まずもって，ナゼ田んぼ？」

「なんたる発想！　なんたる自由！」

とその記事を読んで思いました．せっかく親元を離れるのだから，僕も自由を満喫したいところです．でも，この寮の扉を叩(たた)くのはヤバい気がします．僕は，そこまで

ぶっ飛んではいない．そこで，僕の頭の中で新築物件と寮との中間の，「築30年ぐらい」が決定事項になってしまいました．

かくして，家賃も手頃で，大学まで頑張れば歩ける距離(逆に言えば，毎日徒歩通学は勘弁してほしい距離)にある築約30年のアパートを見つけ，一室を契約してきました．

実は僕の父親も同じ大学で，やはり同じくこの街で下宿をしていたとのこと．当時は「間借り」といって，民家の一室を借り，風呂は銭湯，台所やトイレは家主と共同だったそうです．「下宿屋」とも言ったそうです．今でも探せばそのような下宿は残っているそうですが，僕が見つけたのはアパートであり，小さいながらも風呂・トイレ・台所は部屋の中にあります．父親の下宿と比べるとちょっと贅沢ですが，築30年だと，大概このような感じです．逆に築30年ぐらいの住居で，ホームステイよろしく国内の学生に部屋を貸している民家は，ほとんど見つかりませんでした．

🌀 風呂

小さいながらもバスタブが自分の部屋の中にある贅沢．実家(下宿に住み始めたばかりなのに，もうすでに，嬉し恥ずかしの「実家」呼ばわり)に住んでいた時は贅

沢とは思わなかったんですが，今，初めて一人暮らしを始めて，自分だけのためにお湯を沸かして，溜めて，捨てるって，もったいないことに気づきました．しばらくして，残り水を洗濯に使うという手もあることに気がつきました．

　僕は一応，工学部の学生になったわけですので，これからは「効率」とか「最適化」を意識したいと思っています．その意味で，一人のためのお風呂は非効率なのですが，ま，少しの贅沢には目をつむりましょう．せめてシェアハウスを下宿先に選んだりすれば，もう少し効率が良くなるのでしょうが，今さら無理です．ルームシェアをするにしても，この部屋の広さでは無理です．

　ところで，風呂にお湯を入れる蛇口には，赤い印のついた捻る部品（ハンドルと言うそうです）と青い印のついたハンドルがついています．見た目は，実家の風呂と同じです．ただ，実家の風呂は「温度設定パネル」のボタンで設定された温度のお湯が赤いハンドルを捻ると出てきます．さらには，パネルの追い焚きボタンを押すと，湯量を増減させることなく温度だけを上げることができます．その時は，浴槽内の循環口からお湯が出てきます．

　ところが下宿には，そういうパネルなるものがありません．ということは，想像するに，自分では設定できな

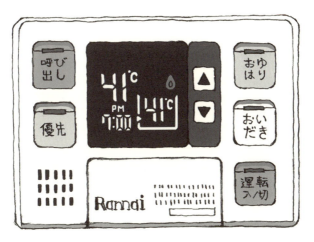

温度設定パネル

い温度(おそらく,そこそこの高温)のお湯が赤いハンドルを捻ると出てきて,青いハンドルを捻ると出てくる水と調合しながら,適温のお湯にしなければならないはずです.

　この推論は正解でした.赤いハンドルと青いハンドルの捻り方を調節しながら,その日の気温に合ったお湯を,自分で調合するのです.時々,失敗します.

　熱過ぎて入れず,青いハンドルの水で温度を下げるため,しばらく寒い洗い場で待ったことがあります.逆に,ぬる過ぎるお湯を大量にバスタブに投入したこともあります.こういう場合,赤いハンドルを捻ってお湯を足し,温度を上げねばなりませんが,ぬるいお湯が大量だと非効率です.なので,少なくするために,もったいないですがお湯を捨てることもあります.温度を上げるのを効率化するために,お湯を捨てるという非効率をしている自分は,客観的に見て,寒かったです.この時も,捨てるのを待つ間,洗い場にたたずむのは,主観的にも寒かったです.

　先述のように,実家にいる時は,温度設定パネルをピッピッピとして,赤いハンドルを捻るだけでした.いや,それさえも,母親がやってくれました.僕は風呂に入るだけです.入った後に,追い焚きボタンを押したら温度が上がります.でも今から思うと,仕掛けはわかり

プロローグ　不便な生活，始めました

ません．なぜか，そうなります．もし予定通りにお風呂の給湯機能や追い焚き機能が働かねば，自分ではどうしようもなかったです．

　下宿では違います．赤と青のハンドルの捻り方も，季節に合わせて自分で調節．赤からお湯が出なければ，ガス湯沸かし器を見に行き，たいていは自分で直します．点火用の乾電池を交換すれば済むとかです．早く風呂に入りたいのに，寒さに凍えながら湯沸かし器を直してる自分，ナルシシズムが発動します．

● 台所

　下宿には，小さいながらも台所があります．そこにはガスコンロが設置されていました．ということは，ちゃんとガスが使えて，炎が見える生活ができそうです．火災予防のためにガスや灯油(主にストーブ)は使用禁止という下宿が多い中，ここは本当に掘り出しモンでした．

　実家はオール電化住宅です．冷暖房や給湯等，全て電気によってまかないます．調理用のコンロもIHです．ガスって何，って感じです．シューって音がしてるところでタバコの火をつけちゃいけないって，なんのことでしょう，って感じです．

　実家では，コンロが熱いことは，コンロ近くにあるパネルに出ている温度表示でわかります．80度とか表示

ガスコンロが設置された下宿の台所

プロローグ　不便な生活，始めました

してあれば，熱いでしょう．85度とか表示してあれば，それよりちょっと熱いでしょう．さすがIH．正確ですよね．

　下宿では，ガスコンロが熱いことは，炎の大きさや，炎が出ていない時には「さっきまで火をつけてたよな」という記憶で判断するしかありません．「炎が出ていてナベがグツグツいってる」から，ちゃんと加熱できてるし，素手でさわっちゃいけないことがわかります．何度なのかは正確にはわからないですけど．

　でも，IHの表示は「人との約束」です．IHを作ったメーカーを信じるしかありません．一方，ガスコンロの炎は「物との約束」，つまり物理です．疑う余地はありません．安心です．さわれば間違いなくヤケドするのです．

　自分は，そんなに疑い深い人間ではありません．ただ単に，物理工学科の学生として，物理（モノのコトワリ）に立脚した仕掛けのほうが好みなだけです．それで，この下宿を掘り出しモンと思った次第です．

● スマホを下宿に置いてきた日には

　下宿に入った次の日，この街を散策したくなりました．将来，おじさんになった時に「我が第二の故郷」とか言ってるかもしれませんし．

京都の街路は東西南北に碁盤目状になっています．そのため，迷子になりにくいとも言えます．

　鴨川沿いに30分ほどまっすぐ南下した頃でしょうか，スマホを下宿に置き忘れたことに気づきました．誰とも連絡が取れない，超不便状態であることが発覚！　しかも，まだ住み始めて間もない，知らない街の中です．かなり狼狽しました．

　しかし，ふと考えると，スマホを使う必要があるでしょうか？

　地図を表示して現在位置を確認しようと思っていたのですが，鴨川沿いをウロウロしていることには間違いないので，今すぐに確認する必要はありません．現在位置の近くで何か面白そうなものがないかを検索しようと思ったのですが，鴨川の風景だけでも新鮮で楽しいので，検索する必要はありません．道に迷った時に，誰かと連絡が取れないと不安になるかなと思ったのですが，郷里にいる家族と連絡が取れたところで，どうしようもないし，まだこの近隣に住む友達ができたわけでもなし．まずもって，鴨川沿いなので，道に迷う可能性なしです．川沿いに上流に向かえば，下宿の近くに必ず戻れます．

　しかし，腹が減ってきました．この場合，効率重視の僕としては，口コミサイトで評判の店を近隣で見つけ，コスパ最高の食事をしたいところです．やはり，スマホ

プロローグ　不便な生活，始めました

を忘れてきたのは痛い．

　しょうがないので，自分のカンと嗅覚だけが頼りです．川岸と平行にちょっと西側に走っている通りに出て歩いてみると，小さな食堂がちらほら見つかりました．そのうちの一つに，なぜだかフラっと入ってみたくなり，暖簾(のれん)をくぐりました．

　下宿に帰ってから，口コミサイトで検索してみると，その店はとっても扱いが小さくて，ランキングにも入っていませんでした．スマホを持っていたら，フラっと入ることはなかったでしょう．でも，便利なスマホを持っていなかったおかげで，下宿生活2日目にして僕にはお気に入りのお店が一つできたのです．

🌑 不便だ，メンドくさ！はマイナス

　スマホを忘れたことに気がついた時，反射的に「不便！」という言葉が頭をよぎり，「マズイことになったなぁー」と思いました．そして，お腹が空いた時，評判の良い近場のお店に最短ルートで移動できないことに気づき，ガックリきました．

　でも，ちょっと待ってください．もともと散策してたはずです．最短ルートで効率的にお店に行く必要があったのでしょうか？

　2時間の散策のうち，お腹が空いたと思ってから食堂

に行くまでの数分を減らすことに,そんなに価値があったのでしょうか? 工学部に席を置く者としては,「価値ってなんだ」ということを考えるべきだと気づきました.

　実際,スマホを見ながら移動するのではなく,街を見ながらウロウロしたおかげで,お気に入りの店をゲットできたわけです.この価値たるや!

● ホームセンターで本棚を買う

　家電量販店や大学生協に行くと,一人暮らしを始める人用にスタートアップサポートセットなる便利なものが売られています.生活に必要な家電や家具を,あれこれ組み合わせて販売しています.「3点セット」「5点セット」など,種類もいくつかあります.下宿生活を始める者にはぴったりです.「そうか,これも確かに必要だなぁ」などと一人で納得し,思わずこの便利なセットを購入しそうになりました.

　ところで,その多種多様なセットの一つである「最低限セット」に含まれていないのは許せるとしても,「スタディ充実セット」にも本棚が含まれていないのは,不思議です.近頃の学生は本を持たないのでしょうか? もしかして大学の教科書も電子書籍化が進んでいるのかもしれないと思いつつ,僕はやはり手元に紙媒体で置い

プロローグ　不便な生活，始めました

ておきたい派です．本棚を買いに，ホームセンターに行きました．

家具屋でガッチリしたものを選ぶより，ホームセンターに並ぶお手頃価格の本棚で，僕には十分です．奥行きはちょいと浅めだけど，背が高くて収容量が多そうなものを選びました．

家具屋でガッチリしたものを求めると，しっかり組み立てられたものがトラックで運ばれてくるイメージですが，ホームセンターで買うと，部品がコンパクトに梱包されており，頑張れば自分で運んで帰ることもできます．そして組み立ては，下宿の部屋で，自分一人で．

まだ部屋の中は物が少ないので，どうにか組み立てスペースが確保できました．慣れないことなので，1時間ほど四苦八苦して組み立てました．後半にはだんだんコツがつかめてきました．なので，もう1台組み立てろと言われれば，ものの10分ほどでできると思うのですが，残念ながら，次に本棚を組み立てるチャンスは，僕の人生にそうそう訪れることはないでしょう．

それはそうと，細長くて断面が工の字の部品が一つ，最後まで使われずに残っているのが気になります．何かの予備という感じでもなさそうです．まさかと思って組立図を見直すと，組み立てのかなり初期の段階で組み入れるべき部品でした．今さら分解して組み直すのは不可

能です．シールしてしまった部品があり，ここを剥がすと二度と接着しません．しかたなく，組み直しは諦めました．

　本棚の横に今も立てかけてある例の部品を見るにつけ，このような顛末(てんまつ)が思い出されます．これも，本棚に愛着を感じる理由の一つでしょう．自分の手で組み立てるという手間をかけたからこそ，です．

　後から聞いた話ですが，これには「IKEA効果」と名前がついているそうです．世界的家具の量販店「IKEA」は，「販売は部品のセットで，組み立てはユーザーが自宅で」という方式を採用しています．

　この方式には，販売店のほうでは組み立てコストがかからず，輸送コストも低いという側面も，確かにあります．もしかすると，もともとはそういうことを狙っての方式だったのかもしれません．しかし結果的には，ちょっとカッコ良い家具を自分で組み立てられるのはユーザーとしては嬉しいし，それだからこその愛着が生まれる効果が知られるようになりました．それを「IKEA効果」と呼ぶそうです．

　ところで，例の部品は，本棚の背を構成する2枚の薄い合板をつなぐ部品でした．その部品が組み入れられていない本棚の背に，強度はほとんど期待できません．背とは言えない，単なる飾りというか目隠しになっ

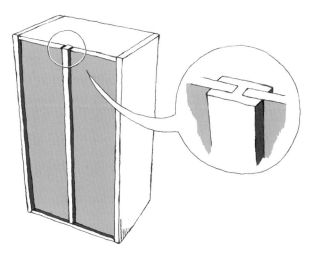

本棚の背を構成する2枚の薄い合板をつなぐ部品.
強度のためには,必要だが……

てしまってます．しかし，ちょっと考えてみると，自分は本を本棚の奥まで押し込む癖はありません．たいていは，後ろに空間を作り，棚のかなり手前に本を並べるのが常です．ならば，本棚の背には強度は不要です．持ち主が僕である限り，このままで問題ありません．ただ，この本棚がリサイクルされ，本を押し込む癖のある人の手に渡ると，問題が発生するでしょう．「僕である限り」というのも，僕が本棚に愛着を感じる理由かもしれません．

● 食洗機なし

一人暮らしを始めたおかげで，「実家の食洗機は，汚れやカビを自動洗浄してくれるはずだ」と信じざるを得なくなりました．そう思ったのは，下宿でカップぐらいの小物は自分で手洗いすることにして，そのために小さな水切りラックを買ったからです．

ラックの底で水受けをしてるトレーが，数日も放っておくと白くヌメヌメすることを発見してしまいました．そのうち，黒いツブツブ状の得体の知れぬものも発生してきました．さすがに，洗いました．除菌効果があると言われる酢酸入りの台所洗剤も，買ってきました．

実家の水切りラックも同様でしょうが，自分は気づきませんでした．母がこまめに洗っていたのかもしれませ

プロローグ　不便な生活，始めました

ん．いや，それ以前に，ほぼ無条件に食洗機になんでもかんでも放り込んでいたので，手洗い用水切りラックの使用頻度(ひんど)は高くなかったようです．

　食洗機にもカビが発生する箇所があったり，庫内が汚れることもあるでしょう．でも，見たことはありません．ということは，そもそもカビが発生する部分はないに違いありません．あるいは自動洗浄装置がついているに違いありません．そう信じることに決めました．見えないところがカビだらけだったりは，しないのです．洗濯機は，洗濯槽の裏側がエライことになっていると，何かのCMで見ましたが，見なかったことにします．

　手で洗うほうが食洗機より不便です．手間がかかります．でもそのおかげで，食器がキレイになることにまつわる諸々が，自分の手の届く範囲にあります．たとえば，カビは目に見えます．そして，洗えばキレイになります．その過程も，目に見えます．

● コップ洗いをモノグサしてみた

　ガラスのコップは，水を飲むのに使うぐらいなら，何回かは洗わずにすすぐだけで済むことがわかりました．無条件に食洗機に放り込んでいた実家では，この発見(？)はなかったでしょうし，これを「発見」と言って喜ぶ自分もいなかったでしょう．ただ，すすぐだけだ

と，次第に水垢(みずあか)が着いてくることも発見しました．そこで，スポンジに洗剤をつけてこするのですが，そうするとガラスコップに驚くべき変化が起きることも発見しました．

今，自分の手で「輝くガラスコップ」になったモノを見ながら，ちょっとご満悦です．テレビCMで「驚きの云々(うんぬん)」と言われても，「ふーん，そう」ぐらいにしか思わなかったのに，今は，本当に「驚きの輝き」を経験しているところです．

一人暮らしにこんな効果があるとは，知りませんでした．

🌀 プチ冒険してみた

大阪南港に行く用事ができました．どこかに行くのに効率的な方法を知るには，経路検索システムが便利です．検索すると，下宿の最寄駅から3回の乗り換えで行けることがわかりました．しかも，最後に乗り換える大阪メトロニュートラム線のコスモスクエア駅からトレードセンター前駅までの一駅分は歩けそうな距離ですから，そうすると乗り換えは2回で済みます．

便利なことに，経路検索システムは，乗り換えを効率的にすれば90分の道程(どうてい)であることも教えてくれました．無条件に，システムが提案するスケジュールで行く

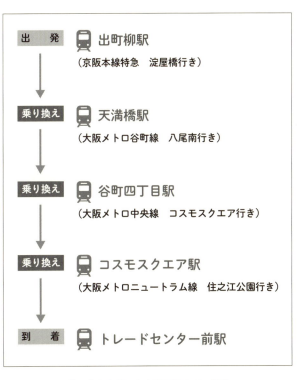

僕の住む京都から大阪南港までの経路

ことにしました．下宿を出るのは，9時25分がベストです．

　下宿でボーっとしながら9時25分が来るのを待っています．何しろ，それがベストですから．ボーっとしながら，どうでも良いことを考えていました．「あれ，何がベストなのかな？」と．

　下宿で今のようにボーっとするのと，駅のベンチで物思いにふけるのと，目的地の大阪南港に早めに着いちゃって約束の時間まで港をボーっと眺めるのと，そんなに違いがあるとは思えません．というか，後者のほうが楽しそうです．

　「ベスト」とか「最も」とかを便利なものは提供してくれますが，どういう意味で「ベスト」なんだろうと思いました．

　早速下宿を出て，南港でボーっとする時間をとることにしました．最寄りの駅まで歩きながら，ふと，ボーっとする以上に面白いことを思いつきました．

　「道に迷ってやろう」

　せっかく新しい街に住み始めて，右も左もわからないハラハラドキドキを楽しんでいるわけですから，それを延長させてやろうと思ったわけです．ボーっとする時間があるのですから，道に迷っている時間もあるわけです．

プロローグ　不便な生活，始めました

　便利な経路検索システムのおかげで，およそのメンタルマップ，つまり行き方のイメージはできています．でも，「いつでもそのサイトを見れば道に迷わない」という安心があるせいでしょうか，どうもそのメンタルマップもあやふやです．いつもの自分なら，ついつい乗り換えのたびにスマホで確認しようとするでしょう．でも，道に迷ってやろうと決めたのです．途中でスマホを見てはなりません．出発前にもう一度，そのサイトを見て，経路を頭に叩き込んでおきました．迷うにしても，待ち合わせに遅れるほどに大きく迷うのはマズイですから．

　さて，プチ冒険に出かけますか．予定調和は安心ですが，ちょっとはみ出してみるのも，面白そうです．

1
「不便益」の時代が やってきた

1 「不便益」の時代がやってきた

(1) 現実味をおびてきたドラえもんの世界

　科学技術は，私たちの想像以上の速さで進んでいます．未来の世界を見せてくれた漫画『ドラえもん』に出てくる「ひみつ道具」が，現実に世の中にも出てきました．

　小学館の学習雑誌に「ドラえもん」が連載され始めたのは，1969 年なのだそうです．子どもだった私は毎月発行される小学館の学習雑誌が家に届くのが楽しみでした．連載が終わっている今でも，「ドラえもん」を知らない子どもはいないでしょう．

　未来から来たロボット「ドラえもん」がおなかの四次元ポケットから取り出す道具は，どれもこれも便利な夢の道具でした．今では，「ドラえもん」の道具を見た子どもが大人になって，いくつかの道具を本当に作ってしまいました．

　さすがに「どこでもドア」や「タイムマシン」はまだのようです．しかし，携帯電話を知ってる私たちは，もはや「糸なし糸電話」では驚きません．マイクに向かってしゃべった通りにタイプしてくれるアプリも，「ドラえもん」が私たちに初めて見せてくれた時には未来の道具でした．

オコノミボックスは，テレビやカメラに姿を変えた(© 藤子プロ・小学館)

スマホが世に現れた頃にちょっとした話題になったのが，『ドラえもん』19巻(藤子・F・不二雄，小学館，てんとう虫コミックス，1980年／初出：『小学二年生』1979年1月号)に出てくる「オコノミボックス」でした．これは，四角い箱状の物になら，なんにでもなれる手のひらサイズの小さな箱で，「テレビになーれ」と言えばテレビになります．ほかにも，音楽プレーヤーになったり，インスタントカメラになったり．デザインも，表示部の下にボタンが一つです．どこかで見たことありますね．でき過ぎです．極めたデザインというのは，できるだけシンプルなのでしょう．

「ドラえもん」の連載が終わる頃はちょうど第二次AIブームでした．AIとはArtificial Intelligence，つまり

1 「不便益」の時代がやってきた

人工知能です.人間や動物の知能をコンピュータで人工的に実現する試みであり,何度かブームがやってきます.

第一次 AI ブームは 1960 年代前後です.第二次 AI ブームは 1980 年代です.第三次 AI ブームは 2000 年代に入ってからです.ほぼ 25 年周期で発生します.第二次 AI ブームの当時は,音声認識や自動翻訳などはまだまだ実現に程遠いと思われていました.ところが,その後,四半世紀が経って第三次 AI ブームが到来すると,「ドラえもん」の世界が現実味を帯びてきました.

(2) AI ブームが「便利」に拍車をかける

工学の分野に身を置いたことがあるなら,ドラえもんの道具を作りたいと思ったことがある人は多いでしょう.

工学は,人に便利を提供することによって暮らしを豊かにすることを目指しているのだと,私は思っていました.そして,ドラえもんの道具はどれも,普通に考えれば便利です.「タケコプター」や「ほんやくコンニャク」ができれば,楽しそうですね.

工学畑が,そういう便利なものをデザインしては作る,最先端を担ってきました.近年,第三次 AI ブーム

とともに,「便利」に拍車がかかっているようです.

ところで,AI とは人工的に作った(artificial な,自然ではない,紛い物の)知能(intelligence)という意味です.その前提で素朴に考えれば,人や動物にしかできない「知的」な作業だと思われていたことができるようになった機械は,「人工知能」と呼んで良さそうです.そう考えると,足し算や引き算などはほかの動物にも真似できない人間の知的活動なので,それができるコンピュータも人工知能と呼ばれねばなりません.実際,第二次世界大戦中にアメリカ軍内で弾道計算用に作られた機械が「Giant Brain(巨大頭脳)」と呼ばれたことがあったそうです.

ところがそうなると,AI というのは特別なものではなく,そこかしこに転がっているものになります.電卓を見て「こいつ,AI を搭載してるぞ」というのも,何か違う気がします.

IoT(Internet of Things)の時代,全てのモノがネットにつながるようになる時,そのモノにはネットにつなぐためのチップが内蔵され,そのチップはもちろん最も基本的な演算である加算減算はできます.そうなると,全てのモノを AI 搭載と呼ばねばならないのでしょうか? やはり,違う気がします.

そこで,AI の教科書で調べてみると,AI 研究は概ね

1 「不便益」の時代がやってきた

以下の2つを目的としていると定義されました[1]．

1. 知能の解明を目的とする学問分野
2. 知的な振る舞いをするプログラムの構築を目的とする学問分野

20世紀末の第二次AIブームの頃はロマンがあり，二つめの目的を達成した先に一つめの目標が達成されると信じていました．しかし，21世紀に入ってから興った第三次AIブームは二つめの目的に特化しているようです．確率の計算などを高速なCPU（中央演算処理装置）やGPU（画像処理装置）で腕力的にブンブン繰り返すことは，動物の頭脳では物理的に不可能ですし，それが知能の本質とも思えません．しかし，今まで動物や人にしかできなかった知的な振る舞いが，コンピュータにも表面的にはできるようになりました．

動物の赤ちゃんが，どんな角度から見ても自分の母親を別のおばちゃんと区別できるなんて，どんな仕組みなんでしょう．よく考えると，不思議な能力です．

私たちは，何かオドオドしてて挙動不審な人と普通にしてる人とを区別できます．なぜできるのか，自省してみてもわかりません．よく考えると，これも不思議な能力です．ところが，そんな能力を持つコンピュータプロ

グラムができつつあります．それも，動物の知能を解明して真似るのではなく，別のやり方で．

母親を判別できるとか挙動不審なことがわかるなど，人と同じような知的な振る舞いができるということは，人の代わりに仕事をすることもできそうです．勢い，第三次ブームでは，AIの応用先は，人の代わりをする便利なシステムに向けられます．

ところで話は変わりますが，ドラえもんの道具は，動物や人の知的振る舞いを超えたものが多いです．「どこでもドア」とか「タイムマシン」とかは，「知的な振る舞いをするプログラムの構築」を目的とするAIの手には負えません．そう考えると，藤子・F・不二雄先生の想像力と創造力，すごいです．

1　中島秀之『知能の物語』pp.2-11, FUN Press, 2015.

ゲームに勝つ

知的な振る舞いといえば，頭を使うこと．それですぐに思いつくのが囲碁や将棋などのゲームです．

さかのぼると第一次AIブームの頃から，ゲームに勝つプログラムを作りたがっている研究者はいました．1960年頃のことです．その時のモチベーションは，人工的に知能を作り出したいというロマン溢れるものでした．その後，四半世紀が経った第二次ブームの時にも，

1 「不便益」の時代がやってきた

ゲームは題材として AI の教科書に載っていました.

ゲームの中でも,すごろくなどではなく,二人が対戦して運に左右されずに実力だけで勝敗を決めるものが,知的な感じがします.しかも「禁じ手がなかった頃の五目並べ」のように,必勝法がすでに知られていると興ざめです.対戦型で実力勝負のゲームでなければなりません.たとえば,オセロ・チェス・将棋・囲碁などが思いつきます.これらのゲームを探索問題とみなして,人間に勝つプログラムを作ろうとしたところ,探索すべき全ての可能な盤面の数は,オセロが 10^{56},チェスが 10^{120},将棋が 10^{220},囲碁が 10^{360} なのだそうです.

1万が 10^4.1億が 10^8 ですから,ゼロが 56 個並んだオセロの全盤面数でも途方にくれます.囲碁の 360 個に至っては,全ての盤面を洗い出すなど,無理ですね.だからこそ,必勝法も見つからず,ゲームとしての存在意義があるのですが.ちなみに,地球上の砂つぶの数は 10^{21} 個ぐらいとのことです.

第三次 AI ブームに乗って,囲碁で人間のプロ棋士に勝つソフトが開発されました.AI 研究の二つめの目的である「知的な振る舞いをするプログラム」ができたわけです.そして,人の代わりをする便利なシステムとして利用されています.もちろん,人の代わりに囲碁を打って勝負に勝っても,なんの意味もありません.プログ

ラム同士で対戦して今まで知られていなかった手を発見してみせたり，人間と対戦して練習台になったりしています．

● 試験問題を解く

知的な振る舞いといえば，試験問題を解いて正解することも，そうです．そこで，実際に大学入試にAIを挑戦させるプロジェクト「ロボットは東大に入れるか」が2011年にスタートしました．そんなAIができてなんの役に立つのかという議論が起きましたが，少なくともAI研究の二つめの目的である「知的な振る舞いをするプログラム」が目指されていることは間違いありません．さらに，プロジェクトのスタート時点では「思考するプロセスを研究するため，知能とは何かを根源的に問い直すため」という，AI研究の一つめの目的も謳われていました．

5年ほどで，このプロジェクトは「東大合格」という当初目標を降ろすのですが，得手不得手があるものの，平均すればこの段階でも人と比べてかなりの好成績をあげていたらしいです．

● 運転支援から自動運転へ

知的な振る舞いといえば，車が運転できることも，そ

1 「不便益」の時代がやってきた

うです.動物の中でも人間にしかできませんから,かなり知的な感じです.したがって,自動で走る車は,知的な感じがします.米国の運輸省は,次の5つのレベルに自動運転の定義を定めました.

レベル0(運転自動化なし) レベル0ですから,自動運転はありません.人間のドライバーが全て運転操作します.

レベル1(運転支援) ハンドル操作・加速・減速の一つを,車が支援してくれます.衝突しそうな状況になったら車が自動的にブレーキをかける「衝突被害軽減ブレーキ」や,前の車に車間距離を一定に保ってついてゆくACC(Adaptive Cruise Control)のついている車が,このレベルになります.

レベル2(部分運転自動化) ハンドル操作と加速・減速などの複数の操作を同時に,車がしてくれます.ただ,ドライバーはしっかりと周囲の状況を確認する必要があります.

レベル3(条件付き自動運転) このレベルから,ドライバーは何も操作しなくてよくなります.しかし,緊急時にはドライバーの手動運転が必要で,もし事故が発生するとドライバーの責任になります.

レベル4(高度自動運転) このレベルから,ドライバ

ーが乗らなくてもOKとなります．逆に，乗っている人が運転操作に関与できなくなります．ただし，交通量が少ない・天候や視界が良いなど，運転環境が整っている条件が必要です．2018年にはまだ市販されておらず，モーターショーでコンセプトカーが発表されるぐらいです．

レベル5（完全自動運転） この最高レベルでは，どのような条件下でも自動走行をしてくれます．

　現在の自動運転の世界的な主流はレベル1からレベル2です．レベル1にあたる衝突被害軽減ブレーキは多くの車に搭載され，新車には義務化すべきという議論もあります．公道で実験できる国では，レベル3，レベル4と，段階的に実験が行われています．

　ただ，レベル3については，この段階をスキップすると宣言したメーカーがあります．このレベルでは，「運転する必要はないが常に見張っていろ」と言われているようなものです．想像してください．何もせずにジーっと前を見つめている自分を．拷問に近いのです．私なら居眠りをするし，スマホを持ってる人ならそちらを見てしまうに違いありません．

　とはいえ，一足飛びにレベル4になられるのも，便利ですが，実際に乗るとなると怖そうです．完全に車を信

じるしかなく,ぶつかりそうになっても何もできないわけです.踏むべきブレーキペダルがないのです.現在でも,航空機や鉄道は自分では運転できません.パイロットや運転士を信じるしかないのです.それと同じ状況がレベル4の車にも起こります.ただし,運転しているのは,人ではなく,機械です.

(3) ボタン一つでなんでもできる・してくれる家・社会

先にも出てきましたがIoTという言葉があります.Internet of Things,直訳すると「モノのインターネット」です.世の中のあらゆるものをインターネットにつないでしまえという考え方です.そうすると,便利で豊かな社会が実現されると言われています(図1.1).どのような便利が実現されるか,想像してみましょう.たとえば家を考えます.

鍵穴でさえ,インターネットにつながっています.外出先にいる時に弟夫婦から「遊びに来たのに,留守やん!」とスマホに連絡がありました.「もうすぐ帰るし,中で待ってて」と,スマホからインターネット経由で家の鍵を開けました.

しばらくすると娘が帰ってきて「鍵,どっかに落とし

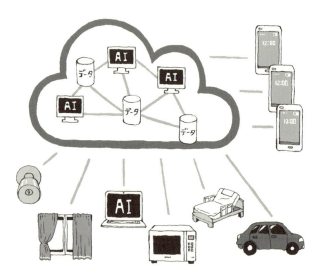

図 1.1 IoT の世界

1 「不便益」の時代がやってきた

てしもた」と言います．拾った人が悪い人で，その鍵を悪用するかもしれないと思うと，ちょっと気持ち悪いです．この場合，電子鍵を変更します．鍵穴と家族全員のスマホに，ネット経由で新たな電子鍵を登録しました．これで，玄関の鍵は家族のスマホを使わない限り，開きません．

しばらくして娘が「スマホもどっかに落としてしもた」と言います．拾った人が悪い人で，そのスマホで我が家に侵入してくるかもしれないと思うと，ちょっと気持ち悪いです．そこで，鍵穴と（娘以外の）家族のスマホに，ネット経由で新たな電子鍵を登録しました．これで安心です．便利です．

カーテンさえ，インターネットにつながっています．今までは，カーテンを開け閉めしようとしたらカーテンの近くまで行かねばなりませんでした．今では，座ったまま手元のスマホをリモコンのようにしてカーテンの開け閉めができます．

ところで現実の世界でも，スマホをリモコン代わりにして開け閉めするカーテンが「IoTカーテン」と称して売られています．これがインターネットにつながって本当のIoT機器になると，どうなるのでしょう？ 世界中のどこからでも自宅のカーテンが開け閉めできると，あたかも人が家に居るようにみせかけれるので，泥棒よ

けにはなりそうです.

現在でも実用化されている「外出先から操作できて便利な」IoT家電といえば,エアコンやお風呂があります.帰宅前にネット経由でスマホから操作をすれば,帰宅した時には快適な温度の部屋が出迎えてくれるし,帰宅したらすぐにお風呂に飛び込むこともできます.さて,話を想像の世界に戻します.

オーブンさえ,インターネットにつながっています.クラウド上のメニューからオススメの料理が提案され,何を作ったかがクラウドに登録されて家族の好みが自動的に学習され,さらにオススメの精度が上がります.もう,ご飯を作る時にメニューに悩むことも,自分で独自の料理を創作して家族から「なんじゃ,これ」と言われることもありません.

ガレージのシャッターでさえ,インターネットにつながっています.今までは,ガレージに着いてから開閉ボタンを押し,ガレージが開くまでの10秒以上を無駄にしていました.今では,ガレージに到着する10秒前に車の中からガレージオープンのボタンを押すと,ガレージに着く頃には車が入れる状態になっています.十数秒を無駄にすることなく,便利です.

ベッドや洗面台の床に埋め込まれたセンサー群でさえ,インターネットにつながっています.これを通し

て毎日の体重や，脈拍，発汗状態，睡眠状態，寝返りの頻度（ひんど），就寝や起床時間などがクラウドに記録され，クラウドではAIがストレスチェックをしてくれます．これには，トイレも一役買います．排泄時間や排泄物の成分もセンサーが検知して，ストレスチェックの精度を上げます．

　照明でさえインターネットにつながっており，クラウド上のAIがストレスなどから計算した生活状態に基づいて，最も快適で健康的な状態になるよう，明るさや色合いを自動調節します．

　自分で健康管理に気をつける必要はありません．IoTやAIが自動的に管理してくれ，知らぬうちに照明の濃淡や色を変えたり空調を変えたりして健康維持までしてくれ，スピーカーからは小鳥のさえずりなどが流れてメンタルまでケアしてくれる，至れり尽くせりの家になります．

　IoTだけではなく，AIも今後ますます家の中に入ってくるでしょう．そして，様々なものを自動化し，少しでも面倒くさいと思うことは，ことごとくAIが代わりにしてくれます．

(4) 効率化・自動化は工学の最優先課題

　私は学生時代,工学部に入学し,工学研究科に進学しました.べったりと工学です.そしてなんとなく,工学とは「人様のお役に立ってなんぼ」と信じるようになりました.同じように理系に数えられる理学部といえば,真理追求とか未知の解明とか,知的好奇心が満たされればそれでよく,それが人様のお役に立つのかは二の次,というより誰かやってくれよ的な姿勢です.そして,工学こそ,その「誰か」だと思っていました.

　当時,テレビや雑誌では「便利で豊かな社会を」というフレーズが普通に使われていました.そして,その時の「便利」とは「手間がかからないか,頭を使わずに済むこと」と同義に使われていました.高度成長期からバブルの時代です.

　ここで,人様のお役に立つ一つの方法は社会を豊かにすること,社会を豊かにすることは世の中を便利にすること,便利にすることは手間いらずか頭を使わずに済ませられること,そのための方策は自動化・効率化・高機能化など,という関係が私の頭の中に成立しました.つまり,工学の使命を果たすには自動化・効率化・高機能化を目指していれば良いのです.これは私だけではなさ

そうで，工学系の論文を読んでみると，みんなが同じふうに考えているようでした．

　しかも，それらの成果は客観的かつ，定量化できなければ意味がありません．どういう意味かというと，学問としての成果，という意味です．モチベーションが上がった，やる気が出た，嬉しかった，自己肯定感が醸成された，というのは心理学などで扱われるものであり，「100人中何人がyesと答えました」的な方法を使えば，統計的には数値化できます．ただ，工学的な定量化はもっと客観性が求められます．パーセントとかではなく，できれば物理量が望ましいです．

（5）　でも「便利」ってなんか気持ち悪い

● ポーランドから来日した友人は日本語が話せない

　ポーランド出身の研究者から，日本はとても便利で素晴らしい国ですね，とのお褒めの言葉をいただいたことがあります．私が褒められたわけではないのですが，日本で生まれ育った者として自国が褒められるのは，なんとも嬉しいものです．来日する前，その研究者は，日本で暮らすために日本語を覚えねばならぬと思っていたそうですが，「来日して10年になるが，日本語を覚え

なくて済んでいる」そうです．

グローバリゼーションの賜物（たまもの）で，世界が均質化され，ほとんどの日本人は英語がしゃべれるから，というわけでもなさそうです．

まず住居．いったん賃貸契約すると，毎月の住居費は口座振替かカードから落とされてゆきます．便利ですし日本語を話す必要はありません．

次に買い物．無言でスーパーに入り，欲しいものをカゴに入れてレジまで持ってゆき，無言で支払いをして出てゆくだけで済みます．便利ですし，日本語を話す必要はありません．それどころか，レジでお店の人とお話などをしていると，行列の後ろのほうから「早くしろ視線」が飛んできてつらい思いをします．一所懸命に日本語を覚えても，スーパーで値切り交渉などできません（関西では，一部の家電量販店で値切り交渉 OK なところはありますが）．

近い将来，毎日の食料品でさえスーパーに出向いて買う必要はなく，ネットで通販の時代が来るでしょう．そうなると，ますます日本語を話すことなく暮らせる，便利な国になりそうです．

ところが，逆に，片言の日本語以上にスキルアップしたいとのモチベーションが湧かない，これは案外つまらないものだ，せっかく日本に住んでいるのに，とも言

1 「不便益」の時代がやってきた

っていました．仕事の選択肢のうちの一つとして選んだのがたまたま日本なだけであって，何も日本である必要はない，日本に住んでいること自体を楽しみたいのに，「その必要はない」と「便利」が彼に言っているのです．

そして問わず語りに，ポーランドで民主化が成功する前夜（1980年代）の不便だった思い出を，友人は語り出しました．食料配給にまず早起きのお婆ちゃんが並び，次に学校に行く前の自分が交代し，学校に行く時間頃にお母さんが交代しに来るのが，毎日の日課だったそうです．今の日本ではあり得ない光景です．効率化最優先の社会では，忌避すべき状況です．ただ，ポーランドの友人は，この状況を嬉しそうに語るのです．家族の結束は，この時が一番強かったと．この時は，お婆ちゃんも僕もお母さんも，誰一人として家族から欠けてはならない存在だと，みんなが思っていたんだと言ってました．

グローバリゼーションは便利ですが

均質化された「便利」に居心地の悪さを感じるということでしょうか．ポーランドの友人の話は，グローバリゼーションとは表面的には関係ないように見えます．ただ，「誰でも同じように」ということがグローバリゼーションならば，ポーランドにいようが日本にいようが同じように暮らせるのは，グローバリゼーションの賜物と

言っても良さそうです．

　世界は，同じように均質化されているのが望ましいのでしょうか？　しかし，「せっかく日本に住んでいるのに」という呟(つぶや)きは，その世界は居心地が悪いと言ってるように聞こえます．そして，問わず語りに不便な配給の話を始めたのは，居心地の悪さの反対側に「不便」があると直感したからではないでしょうか．

信じるしかないのですが

　車も自動運転になると便利です．でも，レベル4以上になると車を信じるしかないのです(35-36頁)．今でも航空機や鉄道は自分では運転できません．パイロットや運転士たちを信じるしかないのですが，人間なので，なんとなく信じられます．

　ちなみに，航空機の操縦で人間のパイロットと自動操縦装置との間で齟齬(そご)があった時，最終的に信じられるのはどちらでしょうか？　欧州の航空機メーカー・エアバスが作る航空機は，あらかじめオーバーライドと呼ばれるモードにしておかない限り，コンピュータによる操縦が優先されるそうです．一方，米国の航空機メーカー・ボーイングが作る航空機は，自動操縦装置はガイドとアシストであり，最終決定を下すのは人間のパイロットだそうです．

1 「不便益」の時代がやってきた

　このように，まだ今は機械と人間が共存している状態にあります．ただ，この状態から自動運転の世界に移ると機械が100%になるわけで，それを信じるしかなくなります．まあ，しょうがないのでしょうが．

　ところが，ここでも，しょうがないで済ませるには気持ちの悪い状態になることがあります．

　そろそろ，自動翻訳装置が発売され始めました．そのうちに，ドラえもんの「ほんやくコンニャク」が実現しそうです．外国語を学ばなくても，外国の人と情報交換ができます．便利です．今でも，便利な日本では日本語を覚える必要がないので，来日して10年になるのに日本語を覚えない人がいますが，さらに便利になります．

　ただ，何か気持ちが悪い．たとえば，冗談めかした言い方とか，気持ちを込めた言い方とかは，文化によって違うはずで，「ほんやくコンニャク」の初号機は，そこまでは伝えてくれないでしょう．まずは，会話が成立していると感じさせてくれる情報，言葉の上に乗っている情報を，「ほんやくコンニャク」は正しく伝えてくれると思われます．

　でもそのうちに，ニュアンスまで伝えてくれるようになるかもしれません．こちらが冗談めかして言えば，「ほんやくコンニャク」の翻訳を聞いた人が笑ってくれる．表面的には便利です．でも，相手の文化で相手を笑

わせるキモというかルールを，自分はわかっていないのです．その笑いが，本当に自分が伝えたい笑いなのかを確認する術(すべ)はありません．

ここで本来は，気持ち悪さが発動しなくてはならないと思うのです．しかし，そのうちに気持ち悪さを感じなくなり，「信じるしかない」ってなるのでしょう．

そのうち，冗談めかして日本語をしゃべれば，アバターが，肩をすくめて眉毛を八の字にしながら英語でしゃべってくれるかもしれません．

- 人の能力が不要になること，自分の能力を発揮するチャンスが奪われること，自分でなくてもいいことだらけになること，そうするとデコボコがなくなって均質化すること
- 実体のない人工的な約束事だらけになること，それに気づかされないこと
- 機械を信じるほかには術がない状態を受け入れざるを得ないこと

これらのことに，気持ち悪さを感じます．

（6） そして「これからは不便益やでぇ」と ある教授が言った

　私が学生時代に師事し，AIを教わり一緒に研究をした先生を，ここからは師匠と呼びます．

　こちらにしては突然に思えたのですが，ある日師匠が「これからは不便益やでぇ」と言い出しました．さらには，「数字で語れるような限定的なトコだけ見てていいのか？」と問いかけてきました．言われたこちらは何がなんだかわかりません．

　ついこの間まで，効率化や自動化という便利を追求し，そのパフォーマンスは客観的・定量的に評価できなければならない工学研究科にいた人が，情報学研究科に研究室を移した途端に，これです．新しい研究科に移られたタイミングで，そのスタッフとして京都大学に帰ってきたばかりの私としては，「突然何を言い出すのかな？」と思いました．

　おそらく，研究室に配属されたばかりの，それまで工学部の機械系で学んできた学生にとっても，配属直後の最初の研究会で「不便益」とか言われても，なんのことかな？と思ったでしょう．

　不便益とは，不便の益，英語でいうと benefits of inconvenience です．当時，まだ私たちが学会などで不便

益という言葉を使い始める前は,不の便益という意味で使われていたり,負の便益や非便益の仲間のような使い方をされていました.つまり,良くないネガティブな言葉でした.

一方で私たちは,不便の益という,ポジティブな意味で使います.しかも,「良いこともあるから,不便だけど我慢してね」という後ろ向きの意味ではなく,「不便だからこそ得られる益があるんだ」という前向きの気持ちを込めています.

人とモノの関わり合いは代替だけではない

我々にこそ突然のカミングアウトに思われたのですが,実は工学研究科にいらした時にバリバリの工学系の学会で師匠が企画したチュートリアルや特集を見ると,不便益という言葉は使われていないものの,人工システムと人との関わり合いを深く考えていらしたことがわかります.

人工知能学会の学会誌に掲載されたチュートリアル[2]では,人と人工システムとの関わり合いを支援する方法を,代替型(自動化),支援型,協調型,協応型,エージェント型に分類しています.従来は,代替型さえ目指していれば工学系の研究実績になりました.それに対して,「目指すべき関わり合いは代替だけじゃないんだよ」

と言いたいわけです．しかしそれは長くて面倒くさいので，「不便益」という短い3文字に集約されたのだと思います．

たとえば進歩の象徴であるAIは，人から多くの仕事を奪うとも言われています．もしそうなら，諸手を挙げて歓迎すべきなのか，少し考えたいところです．しかし，少子高齢化の観点からは，仕事はAIにやらせておけという意見もあります．

何が問題なのか，現状を分析すると，「代替」しか想定できていないことが本質的な問題です．同じ本質をシェアする「不便益」の考え方が，少子高齢化の社会でAIをうまく使うヒントになるかもしれません．師匠は，前世紀に現状を予測されて，不便益を構想されたのかもしれませんね．

2 「人間とシステムの関わり合いと知的支援」pp.339-346, 『人工知能学会誌』13(3), 1998.

● 人と自然との関わりは断絶だけではない

日本ファジィ学会(現在の日本知能情報ファジィ学会の前身)の学会誌で師匠が企画された特集[3]でも，根底には不便益に通じる思想が流れていました．

そこでは，「関係性と多様性の回復を求めて」という，ちょっと聞いただけでは内容が想像できないテーマで，

一見すると工学システムと関係がないような分野から，著名な方々が寄稿されています．分野は，機械工学，臨床心理，認知心理，数学，複雑系科学，生物，環境地球工学，建築と様々です．

たとえば機械工学からは，従来は対象を分析したり設計したりするのに便利な「要素還元主義」や「単純化」が通用していたのに，今や「要素に区切れない，複雑で，多様な」問題を避けて通れない時代になったことが指摘されています．臨床心理学からの寄稿では，外から客観的に対象が観察できたり操作できるという便利な問題だけに閉じこもるのではなく，できる限り対象を限定せずに自分をも対象の中に入れ込んで，あくまで全体を見ることが必要だと主張されています．

建築工学の分野からも寄稿がありました．建築といえば，安藤忠雄氏の有名な作品に「住吉の長屋」があります．部屋から部屋へ直接移ることができず，必ず中庭を通らなければならないデザインです．雨の日に1階から2階の部屋に行くためには，雨の中，中庭の階段を登らねばなりません．どう考えても不便です．しかし，だからこその益があるから，このデザインは著名になったのでしょう．私は，安藤氏は不便益の確信犯だとにらんでいます．

エコという言葉があります．生態学(エコロジー)とい

1 「不便益」の時代がやってきた

う学問の名前がオリジナルです．生態学とは，物事の関係に関する学問です．ところが，日本では高断熱で高気密な住宅がエコだと言われます．夏の冷房や冬の暖房が，隙間だらけの家よりも効率的になり，省エネになるからです．冷暖房にエネルギーを使うことが前提で，省エネなら，すなわちエコなんですね．しかしこれは，「人と自然環境とのあるべき関係は断絶だ」という自虐ネタにもなっています．元来は「関係」を扱う学問の名前を冠しているのですから．

住吉の長屋は，これのアンチテーゼになっています．人と自然との関わりは断絶だけではないのです．

3 「特集：新システム論の視座(その1)」pp.596-647,『日本ファジィ学会誌』9(5),「特集：新システム論の視座(その2)」pp.802-850,『日本ファジィ学会誌』9(6), ともに1997．

● 人とコトの関わり方は分業だけではない

師匠が不便益という言葉を作り出してから数年が経った頃，工学の分野でも明示的に不便の効用を示す研究事例が出てきました．2002年にヒューマンインタフェース学会論文誌に掲載された原子力発電所のインタフェースデザインに関する論文[4]も，その一つです．

その内容は，日本の原子力発電所でオペレーションルーム(運転室)に設置されているインタフェースをあえて

複雑にデザインした,という事例研究の報告でした.それまでのデザインの常識では,どうしても分業という発想が強くて,それぞれの人が自分に関係する情報だけをピンポイントに取り出せて,それによって操作もピンポイントで簡単に行えるようにする,つまり便利にするというのが大前提でした.しかし,そうしたデザインのもとでは,個々の人間は自分の担当分野にはどんどん習熟していきますが,周囲の人間の担当分野を把握したり,システム全体を俯瞰して理解したりすることが逆に難しくなっていきます.そうすると,それがリスクになることもあります.

そこで常識とは逆の発想で,担当のオペレーションとは直接関係のない周辺情報も表示したり,分類表示するのではなく1枚の表示パネルにたくさんの情報を詰め込んだり,そのために表示する文字サイズが小さくなってもOK,というデザインが提案されました.もちろんそうすると,より多くの情報を取捨選択する必要が生じて,負荷や手間にはなります.つまり,不便なインタフェースになったのです.でも,運転員は逆に「わかりやすくなった」と言い,プラントの全体像も把握しやすくなったという実験結果が報告されています.

> 4 「運転員のプラントイメージを利用した「分かりやすく複雑な」CRT画面の研究」pp.79-91,『ヒューマンインタフェー

1 「不便益」の時代がやってきた

ス学会論文誌』4(1), 2002.

● 無駄な無駄と無駄でない無駄

　師匠の言葉に「世の中には無駄なムダと無駄でないムダがあるんだ」というのがあります．こうやって字に起こして，漢字とカタカナで書き分けたら，なんだか格言めいて見えます．でも，口頭で聞いた時には，何かの呪文か早口言葉かなと思いました．そして，突然何を言い始めるのだろうと，その時は思いました．ところがある日，突然に合点がゆきました．きっと，ムダと手間を同一視していることの皮肉か，同一視していることへの苦言であろうと思うのです．

　不便益を探していると，手間をかけるからこその益がたくさん見つかります．この時の手間は，無駄ではありません．ところが一方で，手間をかけても空回りして，手間をかけない時と何も変わらないことがあります．結果が変わらなくても過程の違いに何か意味があれば良いのですが，それすらないこともあります．それこそ，手間が無駄になっています．

　ところが私たちは普通，これらの区別を意識することはなく，手間といえばムダだと思います．手間はいつでもネガティブなもので，できるだけ避けるほうが良いと無意識に考えてしまいます．

ここで,さっきの師匠の言葉に戻ります.カタカナのムダを「手間」に書き換えてみます.「世の中には無駄な手間と無駄でない手間があるんだ」.なんと,あたりまえのことを言っていたのですね.私たち弟子たちが「世の中には不便益があるんだ」と言っているのと根っこが同じでした.
　でもやはり,師匠の言葉のほうが「え!?」っとなってキャッチーです.まいりました.

2
数式化できないものにある価値

2 数式化できないものにある価値

(1) 定量化できない，数式化できないものを探して

　物事を評価するためには，数字に落とせると便利です．数字の大小をそのまま評価の良し悪しに使うことができるからです．よく，売上高とか，その伸び率という数字で企業の業績を評価しているのを見かけます．私が学生の頃から所属する工学系の研究分野でも，数字に表せない研究成果はほとんど評価対象になりません．

● 試験の点

　ところが，試験問題を作ったり採点する立場にあると，この数字による評価にもいい加減なものがあるのだと，つくづく思います．

　二つの問題から成る 100 点満点の試験問題を作ったとします．問 1 は計算が正確で素早いほどマルがたくさんつく問題です．問 2 は講義で話した内容を覚えているほどマルがたくさんつく問題です．さて，二つの問いの配点は，どうするのが正しいでしょうか？

　正解はありません．もともと違う内容を評価する問題を合わせて一つの試験問題にすること自体，無理なことです．40 g と 60 cm を足し合わせるようなものです．合計 100 という数字には，意味(次元)がありませ

ん．それで何を図ろうとしているのやら．

　試験を課す側に所属する者として，試験の点は正しく学生を評価していないことに不満がありました．お受験テクを身につけた学生のほうが有利という状況も不満です．きっと受験生も同じ想いだと思い，大学入試を目前に控えた息子に「入試では全人格は測れない，すまんね」と言ったことがあります．すると，「だからいいじゃん，もし全人格が測れる試験で落ちでもしたら，立ち直れん」と返ってきました．なるほど，人格という大切なものが簡単にペーパーテストのようなもので定量化されると，逆にマズいのですね．

🌑 看護師

　看護師さんとお話をした時にも，数字では測れないけれども大切なものを，考えさせられました．看護の世界も業務を専門化する方向へシフトする流れがあるそうです．極端な話，静脈注射がすごく上手な看護師さんがいたら，朝から晩までたくさんの患者さんに静脈注射だけを打ってもらい，ほかの業務はそれが得意な看護師が担当すれば，安全な気がします．大病院ならではの，効率的運用と言えます．看護師さんも，静脈注射のエキスパートとして，余人をもって代え難い人となり，プライドも芽生えるでしょう．

2 数式化できないものにある価値

しかし，その看護師さんは，患者さん一人ひとりと向き合ってコミュニケーションをとれる時間が少なくなります．すると，患者さんに対して一人の人間として付き合えない部分も出てきます．確かに，分業化したほうがシステマティックで効率的です．時間単位にケアできる患者さんの人数とか，事故を起こさない確率とか，数字で評価できる側面には効果的です．しかし，果たしてその側面だけでいいのでしょうか．

患者さんとしっかり付き合いたいと悩む看護師さんもいるそうです．ベルトコンベアに乗って部品が流れてくるライン生産方式の工場ではないのですから．何をゴールにするのかにもよりますが，そういったモチベーションの源泉は，数字では測れないけれども大切なものだと思うのです．

● もの作り

工場でモノを作る方式には，ライン生産方式とセル生産方式があります．ベルトコンベアの上に部品を流し組み立てて一つの製品にする方式を，ライン生産方式と呼びます．一人ひとりの仕事が「ネジを締める」「別の部品をはめる」「数を確認する」など，細かく分担されている方式です．作業員はラインに流れてくる部品を待ち受けて同じ作業を繰り返します．これは大量生産には便

利です．作業員には，定型的な作業を的確にこなす能力が求められますが，職人的なスキルは求められず，ある程度のトレーニングでラインに立てるレベルに到達できるそうです．

　一方で，不便で良かった事例を集め始めた頃，ライン生産方式に加えてセル生産方式も導入するメーカーが出始めました．セル生産方式は，一人または少人数のグループが寄り集まって，セルと呼ばれる1箇所で部品を組み立て一つの製品に仕上げます．その製品は，情報機器や家電，自動車など，複雑なものです．そのため，一人の作業員が受け持つ作業は広範囲に及び，高いスキルが求められますし，覚えねばならぬことも増えることになります．つまり，作業員にとっては不便な方式です．

　不便なのに，多くのメーカーがセル生産方式を導入しました．その理由を聞くと，多品種少量生産に対応し，タイムリーな製品供給を可能にするのだ，と説明されます．確かに，これらは生産量や製造コストという数字によって評価できます．

　他方で，数字によっては評価できない「益」のほうに，私は注目しています．個々の作業員は，やろうと思えば軽自動車ぐらいの複雑な製品を一人で組み立てられちゃうのです．そして，道を走るその車を見るたびに「あれはオレが一人で組み立てたやつかもな，元気に走

2　数式化できないものにある価値

ってるなー」と感じるのです．これは，仕事に対するモチベーションと責任感を高めてくれます．そしてそれらは，スキルの向上につながり，スキルが向上すればモチベーションもさらに向上します．

つまり，「車1台組み立てられる仕事」と「ネジ締めを的確に繰り返す仕事」とでは，仕事の良し悪しではなく，達成感やモチベーションが違います．そうやって，仕事が楽しくなると，頑張りたくなる．スキルとモチベーションの向上が循環します．

このような好循環は，人のメンタルな作用が介在するので，直接的には数字では評価できません．しかし，大切なものです．

● 数字にして「意味のあること」と「ないこと」

数字には落とせないが大切なものがあることを見てきました．それどころか，世の中の物事で数字に落とせるのは，ごくわずかです．世の中に数字はたくさんあるように見えるのですが，いくつかは，本当の意味での数字に落ちていません．数ページ前に書いた，試験の点数もそうです．ディメンション(次元)が違うものを足し算(引き算)して出てきた数字は，眉唾ものです．ほかにも，数字に落とせるレベルとして4種類の尺度(名義尺度・順序尺度・間隔尺度・比例尺度)に分類する方法が

知られています.

　クラスで氏名を50音順に並べてつけた学籍番号は,数字のように見えますが名義尺度でしかありません.人を区別できるだけで,数字に落ちたとは言えません.クラスで背の高い順に並んでつけられた番号は,数字ではありますが順序尺度でしかありません.足し算も掛け算も無意味です.西暦は,数字ではありますが間隔尺度でしかありません.足し算(引き算)には意味がありますが,掛け算は無意味です.走り幅跳びの記録は,数字であり比例尺度です.足し算(引き算)にも掛け算(割り算)にも意味があります.何センチ差だったとか何割だったとかが言えます.この比例尺度が,理想的には真に「物事を評価できる数字」に落とせた対象になります.

　つまり,真に数字に落とせるものは,とても限定的です.「数字に落として意味があることしか考えてはいけない」と言われるのは,なんとも窮屈な話なのです.ほかにも大切なことがあるのに,それを考えてはいけないとは,理不尽です.

　ここまでに挙げた例から推測できるかもしれませんが,不便の効用は,効率などの単純に定量化・客観化できるような簡単なものばかりではなく,多分に属人的で状況依存的です.「定量化できるような,単純な物事を研究対象にしていてどうする」という,師匠の言が思い

出されます．

（2） 不便の効用あれこれ

● 小さな不便が満載の幼稚園

　保育園や幼稚園の「園庭」をイメージしてください．「園庭」と聞くと平らな土地が想像されると思うのですが，十数年前の新聞記事で，「園庭」をわざとデコボコにして園児の動きを不便にさせようとする園長がいるという話を読みました．

　大人にとって，園庭は平らなほうが，子どもを管理しやすいし安全を担保しやすいので便利です．園児にとっても，地面が真っ平らなほうが移動するのに便利で，追いかけっこもしやすいです．デコボコすると，移動しづらいですし，転んで怪我をする危険も増えるので不便なような気がします．ところが，その不便によって園児が活き活きとしてきたというのです．その時は，デコボコと活き活きの因果関係がわかりませんでしたし，幼稚園の名前も覚えていなかったのですが，ふと気になってウェブで検索してみると，園庭をデコボコにしている幼稚園が今では意外とたくさん見つかります．

　その中の一つ東京都立川市にある「ふじようちえん」のウェブページには，「(略)不便に出会うと，子どもた

ちは自ら工夫し，工夫するところに育ちが生まれてきます」(http://fujikids.jp)と書いてありました．園庭以外にも「不便」が用意されています．もし，子どもたちが不便を強いられ，嫌々ながら工夫せざるを得ない状況にあれば，興ざめです．しかし，その心配は無用でした．ウェブページに載っている写真を見ると，子どもたちの顔は活き活きとしています．

　移動に不便な段差やデコボコがあることで，かけっこをしてもいつも通りに足の速い子が勝つのではなく，色々と考えて勝てる子が出てきます．かけっこ以外の遊びも，能動的に考えて工夫する余地が生まれるのです．自分から考える機会が増えるというのは，園児を活き活きとさせるキモのようです．

　ほかにも，どうやったら転んでしまうかが経験できる，転んだらどうなるかの経験ができるというのも大切でしょう．ひょっとすると，子どもたちの体幹が鍛えられるという身体的な益があるかもしれません．また，ほかにも用意されている不便によって子どもたちは自然を感じたり，想像力を広げたりといった益もあるのかもしれません．

● バリアアリーの施設

　バリアアリーという考えがあります．これは，バリア

2 数式化できないものにある価値

フリーの逆の発想です．山口県にあるデイサービスセンターから始まりました．そこでは，意図的に階段や長い廊下などのバリアが施設内に配置されています．バリアは移動などの日常生活には不便な存在です．しかしそれをあえて配置し，日常生活をちょっとした訓練の場にすることによって，身体能力が衰えるスピードを低減させます．それどころか，身体能力を回復するリハビリとなるかもしれません．

バリアは，作業療法士として数十年の経験を持つ人がデザインしています．施設での過介護が利用者の主体性を奪って依存化傾向を高めるという知見に基づいています．つまり，バリアアリーは身体能力だけでなく，人の気持ちにも影響します．

古き良き時代に逆戻りせよという考えではありません．新しい設備として，日常の訓練となるレベルのバリアを意図的に導入するのです．そして，その効果を発揮させるように「手を貸してはならないギリギリ」を見切るスキルを身につけた職員たちは，昔にはいなかった新たな存在です．

● 効率重視ツアーと不便なツアー

京都ならではの面白いツアーがあります．たとえば，「本能寺の変ウォーキングコース」は，「敵は本能寺にあ

り！」と叫んだ地点から，当時本能寺があった地点までを踏破(とうは)するツアーです．明智光秀が本能寺に向かったルートは諸説あるそうですが，このツアーは亀岡に集合して，保津峡を通って四条西洞院(しじょうにしのとういん)まで，距離にして30キロ，途中で峠を越えて険しい道のりを歩きます．人気のツアーらしく，3年連続のリピーターもいるそうです．

　もう一つ特筆すべきは「ルーレットガイドコース」．どこに行くかわからない100％アドリブガイドです．ルーレットを回して京都の碁盤(ごばん)の目を練り歩きましょう，というのが宣伝文句です．交差点に来たらルーレットを回し，それに従って東西南北どちらに行くか，何ブロック進むかが決められるというツアーです．

　ツアー参加者は，せっかく京都に来たのに，ルーレットで出る目に翻弄(ほんろう)され，京都の街中をウロウロするだけで，観光地(北野天満宮や三十三間堂(さんじゅうさんげんどう)などが設定されてます)にたどり着けず，次回に続く，となることが多いそうです．表面的には不便な気がしますが，年に何回も開催される人気ツアーのようです．

　これら人気ツアーに共通するのは，京都ならではであるところと，不便なところだと思うのです．光秀が本能寺に向かって行軍した場所は京都にしかありません．ルーレットに翻弄されて迷い込んだ小さな路地で必ず，長

2 数式化できないものにある価値

い歴史によって埋め込まれた色々なものが発見できるのも,歴史の浅い街では期待できません.そして碁盤目状の街路だから,東西南北とブロック数だけのシンプルなルーレットで,リアルすごろくが実現できます.

そして,行軍ルートをたどりたいだけならほかに効率的な方法があるのに,あえて山道を歩くという不便を楽しみます.観光地に移動したいだけなら最短距離で行くのが便利なのに,あえてルーレットに翻弄されてみます.

一般に,ツアーバスに乗っていれば,最適化されたルートと時間配分で,いくつもの名所に連れていってくれるツアーがたくさんあります.これらは,効率的に名所を巡るには便利です.でも,その名所を訪れたという事実そのものには,あまり意味がないような気がします.そこで何を体験したかが加わって初めて,思い出になります.ルーレットツアーは,その名所を訪れることさえ削ぎ落とし,たどり着くまでの過程を強烈な体験として(たどり着けなかった場合も込みで)参加者の記憶に刻み込んでくれます.

● 引っかかる講義

大学の教員になってしばらくした頃,プロジェクターが各講義室に設置され始めました.そこで,わかりやす

い講義をしてやろうと，図表をふんだんに使ったレジュメに講述内容を収め，それを講義中にプロジェクターで映写してみました．

そうすると，映写された順にしゃべれば良いので，立て板に水のごとくしゃべれるようになり，スピードが上がるので1回の講義に盛り込める内容が増えて，教える側にも便利です．ただ，そうすると学生側がノートをとるのが追いつけなくなるので，あらかじめレジュメはプリントアウトして配布し，学生はそれにメモ程度の内容を書き込めば済むようにしました．

これで，教える側も学生側も双方に便利で，ハッピーな状態のように思えました．ただ，誤算がありました．学生の講義を聴くモチベーションを削いだのです．

立て板に水のごとく流れる言葉は，右の耳から左の耳に心地よく通り過ぎてゆきます．逆に，いわゆる「引っかかり」とか「つまずき」みたいな不便というのは，実は人の記憶に残りやすく，記憶のトリガーになるのだそうです．

そういえば，私が学生の時に，数学の講義中に途中で先生が「うむむ？」と考え込んじゃった内容，今でも覚えてます．

2 数式化できないものにある価値

🟤 紙の辞書と電子辞書

　辞書を，紙の辞書と電子辞書に大別してみましょう．単語の意味を調べることを目的とする場合，電子辞書のほうが紙の辞書より便利です．調べたい単語に一足飛びに行けて時間がかからないからです．

　しかし，時間がかかるという意味では不便なのに，私も含めて紙の辞書が捨てられない人がいます．なぜだろうと何人かに尋ねてみると，以下のような答えが返ってきました．

　調べたい単語があり，それを探すためにページをめくっていると，道草が食えるからだと言うのです．昔の自分がアンダーラインを引いたり付箋をつけたりした単語がふっと目に入ったりします．そうすると，当初の目的を忘れて，目に入った単語に注意が逸れて，挙句，ついついそこを読み進めてしまうことがあります．これが案外楽しいと言うのです．

　当初の目的を離れない場合もあります．英語だと品詞の違いが語尾だけの違いという場合が多いので，同じページに書いてあることが多々あります．そうすると，一覧性の高さが幸いし，近視眼的に目的の単語だけを見せるのではなく，ほかの関連する情報も見せてくれます．これは，当初の目的である単語の意味を知ることに，深

みを与えてくれます．逆に，似た綴り(つづ)なのに意味が全然違う単語があることを見つけると，知的好奇心が刺激されます．「トラベルとトラブルは語源が同じでは？」という仮説を思いついた人が，たくさんいるそうです．

辞書は，私にとっては読み物だ，という人さえいます．単語の意味を調べるのではなく，新しいことを知るのが純粋に楽しいのでしょう．その人にとって，単語の意味を調べるというタスクに特化して便利になった電子辞書は，逆に使えないものになっています．

それと，紙の辞書のクタクタ感も，電子辞書には出せません．そのクタクタ感が自分と辞書とのインタラクション（相互作用）の跡です．世界中で，自分の辞書とまったく同じクタクタ感や汚れの辞書はありません．クラス中の辞書を1箇所に集めても，自分の辞書がどれかは，すぐに見分けがつくでしょう．これも，嬉しいです．

バイク通学から徒歩通学へ

ある学生が，通学に便利な原付バイクが壊れてしまったために，仕方なしに徒歩で下宿から研究室にやってきました．いつもより時間がかかったので，原付の便利さを痛感したそうです．ところがその日の帰り道，原付の時には目に入らなかったカフェを発見しました．なかなか良さそうな雰囲気です．ちょうどお腹も空いてきまし

2　数式化できないものにある価値

た．気になって，フラっと入ってみたら，味も量も好みで，しかも値段も良心的だったそうです．嬉しそうに，お気に入りのカフェが一つ増えたと言っていました．

　この事態をちょっと抽象化すると，通学路という連続をたどらねばならず，それに手間がかかるという不便は，気づき（おや，カフェがある）の機会を増やしてくれて，何か試してみる（フラっと入ってみる）ことを後押ししてくれます．

　途中をすっ飛ばせるのは便利です．紙の辞書より電子辞書が便利なのも，すっ飛ばせるからです．ペラペラとページをめくって連続をたどる必要はありません．同じように通学も，通学路の途中をすっ飛ばせれば（究極的には「どこでもドア」が使えれば）一見すると便利です．でも，お気に入りのカフェを見つけるチャンスは，絶対にありません．

● 部屋にテレビがある宿と
　　ロビーにしかテレビがない宿

　これは別の学生の話です．お金をかけずに海外旅行をするため，行った先々の国でその学生は格安の宿を渡り歩いたそうです．そういう外国の安宿はたいてい，ロビーに1台だけテレビが置いてあり，それを宿泊客がシェアするという不便な方式になっているケースが多いので

す．各部屋にテレビがあれば，ベッドに寝転びながら好きな時に好きなチャネルが見れて便利です．でもテレビがロビーに1台しかない場合は，見たい番組が同じでない人が複数いればチャネル争いをせねばなりません．

彼がそんな宿に泊まった日はFIFAワールドカップの日本戦の日．サッカーファンの彼は，何がなんでも見たかったそうです．そして頑張って慣れぬ英語を駆使し，チャネル争いに勝ったそうです．すると，隣に座って一緒に見てる奴が妙なテンションだったので，もしやと思って話しかけてみるとやはり日本の対戦相手国の出身，それから二人して大いに盛り上がり，今でもメール交換をする友人になった，とのことです．

この事態をちょっと抽象化すると，自由度が低い（ロビーにいなければテレビが見れない）という不便も，出会い（友人となる人物と）の機会をくれて，何か試してみる（話しかけてみる）ことを後押ししてくれます．普通に考えると，自由度が低いことはチャンスを奪われることのように思えます．しかし実は，逆に別のチャンスを与えてくれるのです．

（3） 便利な社会＝やらせてもらえない社会

● やらなくていいよが，やっちゃいけないに

　世の中は，「便利になるのはいいことだ」という前提で進んでいます．しかし，このままだと「不便だからやらなくてもいいよ」が，「やっちゃいけない」になるかもしれません．たとえば車の自動運転を考えてみます．

　「AI（人工知能）はそこまで賢くなれないよ」という意見があることは承知の上で，仮にどのような状況下でも車を運転する，レベル5の完全自動運転が実現したとしましょう．そうなると，道路を効率よく使えるようになるので，たとえば高速道路の車線は今の半分で済むと試算されているようです．しかし，手動と自動が混在すると事故の原因になるので，その高速道路は手動運転が禁止になるでしょう．つまり「運転しなくていいよ」だったはずが「運転してはいけない」になります．全部が他人や機械任せで楽だけど，自分がやることの喜びが奪われます．

　この流れはある程度まで進んでしまうと，逆らい難くなります．「みんなが便利になるんだからええやん．自分で運転したいなんてわがままや」と大勢に言われたら，なかなか言い返せないでしょう．だからといって何

もかも今のままがいいとか，古き良き時代に戻れというのも無理です．ほかの道はないものでしょうか．

🌸 やらなくてよい，だらけになる

ディズニーとピクサーが製作し2008年に公開された「WALL・E」(邦題「ウォーリー」)という映画があります．この映画は，近未来を描くCGアニメーションで，そこでは究極の便利ライフが描かれています．人は何もしなくても生きてゆける，という世界です．労働は全てロボットやAIが代替してくれます．やらなくてよい，だらけになっています．

人類の風貌(ふうぼう)も，動かす必要のない部分は退化しています．足などは，ほとんど退化しています．生活の全ての場面でパーソナルモビリティ(1人乗り用のコンパクトな形の移動支援機器)が利用できるのでしょう．または，すでに移動する必要さえなく，生まれた時から同じ場所で生きていけるぐらい便利な社会なのかもしれません．

真偽のほどはわかりませんが，AIに人の仕事が奪われる時代が来るという人がいます．もし奪われるとしても，逆に仕事をしなくても生きていけるのならいいじゃないかという考えもあります．しかし，本当に「いいじゃないか」でしょうか？

「WALL・E」を観ていると，何をやっても意味がな

2　数式化できないものにある価値

い社会が来たら嫌だな，何をやっても無駄だったら嫌だな，と思わされました．つまり，現代は何かをすることに価値がある世界なので良かったね，ということです．

ほかにも色々な小説や映画で便利追求の行き着く先はフィクションのネタにされていますが，どうも楽しい世界として描かれないことが多いようです．便利を無条件に受け入れた先は，ユートピア(理想郷)のようで，実は新たなタイプのディストピア(反理想郷，暗黒世界)かもしれません．

人との関係も作らなくてよさそうです．時間を紡ぐパートナーは，学校の同級生でも部活動のチームメートでもなく，便利なドラえもんの「オコノミボックス」(1章参照)がやってくれます．または AI 搭載の癒し系ロボットが，あなたの愚痴に相槌を打ってくれるでしょう．

●「火の鳥」のナナ

「徹底的に手間を省き，頭を使わずに済ませれる先に，究極の豊かさがあるのだ」と，ここまで極論すると，みんながみんな，首をかしげます．ところが今，この極論に通じる事態を私たちは知らず知らずに受け入れてしまっているような気がしませんか？

先の「徹底的に……」の思考実験をしていた時に，たまたま手塚治虫の『火の鳥⑨宇宙・生命編』[5]を手に取り

植物になったナナに寄りそう同じ船の乗組員だった猿田（手塚治虫『火の鳥 宇宙編』 ⓒ 手塚プロダクション）

ました．ここで取り上げるのは「宇宙編」のほうです．26世紀に宇宙船が隕石に衝突し，4名の乗組員たちがそれぞれ1人乗りのカプセル（緊急脱出船）で宇宙空間に放り出されるというフィクションです．

　4名は無線で連絡をとり合いながらも次第に離れ離れになってゆきます．そして，乗組員の一人であるナナという女性は，宇宙の果ての流刑星で異形の植物にメタモルフォーゼ（変身）しました．そして，それは自ら望んでのことだと言うのです．

2 数式化できないものにある価値

　植物は意識を持たないものだと仮定します．そうすると，植物は生きてゆくのに自ら手間をかけません．手間だと感じるのも「意識」ですから．また，当然，頭も使いません．とすると，先の極論を使った思考実験によれば，ナナは究極の豊かさを手に入れたことになります．
　この作品でナナがこの選択をしたのは，別の豊かさを求めてでした．ナナの恋人は，死ぬことができないという罰を受け，動物が生きるには過酷な流刑星で永遠に生き続けねばなりませんでした．この恋人のそばにいるため，ナナは過酷な流刑星で生きてゆける植物の身になったのです．砂漠に生えるサボテンのような見た目です．

　5　手塚治虫『火の鳥⑨宇宙・生命編』角川文庫，1992．

● 自由な社会と便利な社会

　極論を使った思考実験といえば，以下のような話を聞いたことがあります．

- 自由とは，何もしなくていいことだ
- 自由とは，何をしてもいいことだ

さて，どちらが本当でしょうか？
　これを初めて聞いた時，私自身も迷いました．私自身は，「義務」を課せられた状態では前者，「制限」を課せ

られた状態では後者を，自由と呼ぶ気がします．つまり，状況に依存して自由という言葉を使い分けているのです．なんともつまらない結論になってしまいました．

　本来，極論を使った思考実験は，どちらか白黒をつけたほうが面白いのですが，なかなかそうはいきません．この違いは，1960年代以前の生まれか，以後の生まれかで区別できるという人もいます[6]．戦後の体験とも関係すると思うのですが，60年代以前の人は，やりたいことを我慢させられたことが多かったのでしょう．

　さて，不便益の立場はどうでしょうか？　なんとなく想像できるかと思います．何もしなくていいことを自由と呼ぶだなんてとんでもない，という立場です．

6　岩村暢子『日本人には二種類いる——1960年の断層』新潮社，2013.

（4）　便利と不便，益と害を捉え直す

　便利の反対を不便，益の反対を害と呼ぶことにしましょう．ここまでは，異論はないはずです．さて，ここからが意見の分かれるところですが，果たして便利は必ず有益なことでしょうか？　もしそうなら，図2.1のように便利／不便軸と益／害軸が同じ方向を向いてしまい，一次元でしか物事が見れなくなります．

```
害 ─────────→ 益

不便 ─────────→ 便利
```

図 2.1 一次元の場合

ところが,ここまでで不便だからこその益があることや,便利に害がある例を見てきました.ライン生産方式より不便なセル生産方式のほうが,スキルとモチベーションの相乗効果を起こします.

平らな園庭より不便なデコボコ園庭のほうが,園児を活き活きとさせます.

バリアフリーより不便なバリアアリーのほうが,身体能力の衰えを緩やかにします.

ツアーバスに連れていってもらうより不便なツアーのほうが,思い出が残ります.

立て板に水の講義より不便な引っかかる講義,電子辞書より不便な紙の辞書,バイク通学より不便な徒歩通学,自室にあるテレビより不便なロビーに1台だけのテレビなどに,不便ならではの益がありました.

つまり,便利／不便軸と益／害軸は,混同してはならず,図2.2のように独立しているはずです.

これで二次元になりました.不便ならではの益がある事例は,図2.2の左上の象限に置くことができます.象限とは,「平面上で,直交する座標軸が平面を四つに分

図 2.2 二次元の場合

けた,それぞれの部分」(『広辞苑』第七版)のことです.右上の象限は,よく知られる「便利になって良かったね」です.これを便利益と呼びましょう.左下の象限もよくある話で,「不便で困った」です.不便害と呼びましょう.これは,モノゴトをデザインする時のトリガーとなります.必要は発明の母とも言います.この時には,不便を解消したいという気持ちが,新しいものを創造する引き金になります.

これで,右下の象限が残りました.ここを便利害と呼びましょう.手間がかからず頭を使わなくていいという便利が,良くないことを引き起こします.私は電子レンジを使う時「あたため1分」ボタンしか押したことがありません.これで,ほぼ無難に過ごしており,便利です.なので,「これでいいや」という気になり,料理を工夫するモチベーションが湧きません.こういうことを,便利害と呼びましょう(図 2.3).

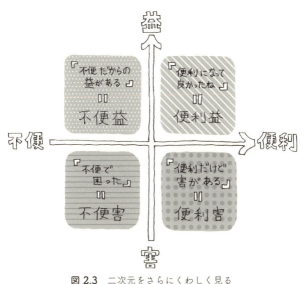

図 2.3 二次元をさらにくわしく見る

(5) 不便から得られる8つの益

　先ほどの図の縦軸は，イメージです．本来ならば軸の次元は一つに定めねばなりませんが，「益」の次元というものは定義できません．

　今まで収集した不便益は8種類に分類できるのですが，それぞれに次元を定めることもできませんし，比例尺度や間隔尺度にすることも無理です．せいぜい，（半）

順序尺度です．なので，直交する軸を見るとついつい座標があって単位があることを期待するのですが，先ほどの図には座標も単位もありません．8種類の益を束ねた集合体，ぐらいの，ホンワカとしたものとして縦軸を見てやってください．

ここから，8種類の益をそれぞれ見てゆきます．

● 主体性が持てる

主体性を持つとは，やらされているの逆です．自由とは「何もやらなくて済むこと」だ，義務からの解放は便利なことだ，と考えることもできます．一方で，「やらなくて済む」がいつの間にやら「やらせてもらえない」に変貌した時には，何かができるという先ほどとは逆の自由が欲しくなります．

不便な物事は，主体的に何かをすることを許してくれるものが多いです．このこと，つまり「主体性が持てる」ということを，不便益の一つに数えます．先にバリアアリーの施設を紹介しました．施設の中に配置された不便なバリアは，身体能力の衰えを緩和するという益があるだけでなく，過介護からの解放だとも言われます．過介護は，デイケアセンターの利用者の主体性を奪うものです．

2 数式化できないものにある価値

①動機付け　分業制で便利なライン生産方式と比べて，セルと呼ばれる場所で一人(または数人のチーム)で複雑な機械を組み立てるセル生産方式は，不便です．でも，先に述べたように軽自動車ぐらい一人で組み立てられるようになり，それが公道を走っているのを見ると，嬉しいでしょう．セルでの作業が動機付けられます．

ある学生が，就職活動(以下，就活)のためだと言って新聞を取るのをやめました．下宿で寝てても配達され，料金は銀行引き落とし，という便利な方式をやめたのです．毎日コンビニに行ってキャッシュで買うという不便なやり方にしたところ，わざわざ買ったものは，たとえ100円ちょっとでももったいないので，新聞を読むようになり，時事に強くなったそうです．また時事用語も自然と覚え，文化や流行にも目がいくようになりました．これが，就活の役に立ちました．不便が，新聞を読むことを動機付けています．

これと似たようなことが，遠足のおやつにもあります．私が子どもの頃は，遠足のおやつは300円以内と，総額が決まっていました．ヒドい話です．でも，今思えば，いくらでも買っていいとなると，おやつにあれほど思い入れることはなかったでしょう．何時間もかけてスーパーの中で必死に最適な組み合わせを考えるという行動を動機付けたのは，制約があるという不便のおかげな

のです．そして，そのようにして買った自分オリジナルのお菓子の組み合わせは，とても価値あるものでした．

カメラの方式にも，不便が価値を上げる例があります．デジタルカメラ（以下，デジカメ）とフィルム式カメラの違いです．後者の中にレンズ付きフィルムといって，撮れる写真の数が限られ，後から現像に出さねば出来栄えがわからず，望遠も接写もできないカメラがあります．デジカメやスマホで撮るより，不便です．しかし，生まれた時からデジカメやスマホがあった若い世代から，レンズ付きフィルムが人気を集めているそうです．

デジカメやスマホだと，いくらでも撮れるのでとりあえずシャッターを押します．撮ってすぐに見れるので，結局，同じようなたくさんの写真ができます．これらは，後から整理する気にもなれず，撮った時の記憶もあいまいです．一方で不便なレンズ付きフィルムで撮る時は，一写入魂です．いつ，どこで，どんな思いで撮ったか，記憶に残ります．撮った写真の価値を上げています．

②**自分ゴトになる**　不便なやり方は，やっていることを「自分ゴト」にするものが多いです．

京都にある大手の総合メーカーで，「あれはどうなっ

2 数式化できないものにある価値

た」ボタンをつけたところがあるそうです[7]. それまで,このメーカーの基幹システムは,自動的にレポートを発行する便利機能を持ち,マネージャーは,このレポートを見ればおよその業務状況が把握できたそうです. ところが,このシステムをリニューアルする時,社長はせっかくのこの便利機能を外させました. 新しい基幹システムでは,マネージャーからの操作がない限り,予算や実績などの情報が見れなくなりました. システムがなかった頃に,「あれはどうなった」と聞かねば部下から報告が上がってこないような状態です. 前のシステムよりも一手間多くなって,不便になっています.

にもかかわらず,これでマネージャーの主体的な姿勢が自然に引き出され,マネージャーの力量が上がったそうです. それまで部下に任せきりにできていた仕事の部分が,自分ゴトになったのでしょう. さらに,部下のほうにも,自分がシステムに入力した報告をマネージャーが見に行ったことが知らされる機能がつけば,「マネージャーが気にしてる重要な仕事を任されてる」感が生まれて,もっとうまくゆくような気がします.

自分ゴトの例として挙げられるものの一つに,「シェアードスペース」という実験があります. これは,オランダ・ベルギー・ドイツ・デンマーク・イギリスなど欧州各国で,2004年から2008年にかけて実施された実

験です．実験スペースに指定された道路では，信号機も標識も路面表示も撤去されました．実験が始まる前は，道路の安全を担うのは行政であり道路そのものでした．それが，その道路の利用者（ドライバーや歩行者）に全て委ねられたのです．

　自分で気をつけなければならないとは，一般には手間です．しかし，安全を担うコトが自分ゴトになりました．結果として，車の走行速度が低下し，負傷者の出る事故は減りました．今でも，フランスのナントでは市の中心に信号機などの安全装置がないところがあり，事故や渋滞が削減されているそうです．

　安全と安心は，よく並べられますが，この二つは別物です．だから別々の名前が与えられています．安心してしまうと，安全でなくなることがあります．それどころか，安全と安心は相容れないという人もいます．

　リスクホメオスタシスという考えがあります．自然界の恒常性維持（ホメオスタシス）という機能が，人の心理にも働くという考えです．確かに，安全だと感じる（安心する）とちょっと冒険的なことをしてみたくなり，危険だと感じる（安心していない）と安全な行動をとりたくなるのは，自分でも思い当たります．外側の安全装置を外されると，安全を担うことが，自分（内側）ゴトになるようです．

2 数式化できないものにある価値

　日本にも自分ゴトの例として挙げられるものがあります．列車の運転台，これに工夫がありました．日本の鉄道の時間管理が厳密なことは，国際的にも定評があります．その一翼を担っているのが，運転台の時計ではないでしょうか．ある鉄道の運転台を何気に見ていたら，時計はアナログで，運転士が持ち込んで運転台にはめ込む式でした．運転士がいちいち外して時計合わせをしてまた持ち込むという，不便な方式が採用されています．

　時計は運転台に組み込んでおいたほうが便利だと思います．しかし，そのような便利な方式だと，万が一にでも列車が停電すると時計が止まる，電波時計にすると運転席の機器が発生する電磁波で狂わされる，というリスクがあるそうです．ただ，それ以上に，運転士の心構えのためだと思います．何もしなくても自分の外（運転台）が備えてくれるのではなく，自分が備える（時計合わせをする）ことは，時刻管理が運転士の自分ゴトになると思うのです．

7 『日経情報ストラテジー』日経BP社，2008年4月14日号．

● 工夫できる

　特定のタスクをこなすのに便利な物事は，ほかのコトをやらせてくれないものです．原付バイクと徒歩での通

学を比べると，通学に便利なのは原付のほうです．しかし，道沿いにあるカフェを見つけてフラっと入ってみようとは，原付バイクで目的地にまっしぐらの時には，思いません．そもそもお店だって目に入りません．「どこでもドア」に至っては，通学路上にカフェがあることさえ，気づかせてくれません．特定の単語の意味を調べるのに便利な電子辞書では，紙の辞書のように単語をワンダリングすることなど，許してくれません．

　これら，「フラっと試してみる」ことを「工夫してみる」と言い換えてみます．「工夫しなくちゃいけない」を，ポジティブシンキングで「工夫させてもらえる」と捉えようぜ，と言いたいわけではありません．しなくてもいい工夫でも，「していい」と言われると，したくなるものです．「もっとできるかも」と，つい思ってしまいます．このことを，不便益の一つに数えます．逆に便利なものを使っていると，ついつい「これで，いいや」と思ってしまい，それ以上のことを人はしようとはしません．

　幼稚園の園庭は平らなほうが便利かつ，安全です．園児がケガをすれば，保護者からクレームがきたり，手あてに時間がとられてしまいます．しかし，実際に園庭をデコボコにしてみると，園児たちは体幹が鍛えられてバランス感覚が向上するだけでなく，デコボコを利用し

2 数式化できないものにある価値

た色々な遊びを能動的に考えて工夫するようになります．ロビーに1台しかテレビがないという安宿の不便が，同じロビーで一緒にワールドカップを見て盛り上がっている人と出会わせてくれ，その時にフラっと声をかけるチャンスをくれます．

　車の変速機をオートマチックトランスミッション（以下，オートマ）とマニュアルトランスミッション（以下，マニュアル）に大別すると，オートマのほうが便利ですが，色々と操作が多いマニュアルのほうが，独自の運転方法を試させてくれます．

　メディアにも，不便が「フラっと試してみる」ことを許してくれるものがあります．音を聴くためのメディアにテープレコーダーがあります．CDが登場する前は，テープに楽曲を入れて，聴いていました．これは，記録できる楽曲の長さが限られ，記録するにも時間がかかり，聴く時も頭出しができず，連続をたどって早送りや巻き戻しが必要です．DVDやクラウドに保存するより，不便です．しかし，生まれた時からDVDやクラウドがあった若い世代でも，テープレコーダーが好きな人がいます．クラウドだと，聴きたい曲をピンポイントで指定できます．結局，新しい発見をするためには，あえてそのような聴いたことがない曲を選んで聴かなくてはなりません．テープレコーダーは，もとから連続です．

聴きたい曲の間に知らない曲が流れ，フラっとそれに聴き入るチャンスをくれます．

　話はそれますが，テープには便利な面もあります．先日テレビで見た50代のある俳優さんは，方言を使った台詞(せりふ)を覚える時はカセットテープ(テープレコーダー)を利用していると話していました．途中で止めてさらって，また巻き戻してを繰り返す中で，体に台詞をしみこませていくそうです．

🌑 発見できる

①**気づきや出会い**　工夫できることを不便益の一つとしましたが，その前段階として「気づき」や「出会い」が与えられること自体も，不便益の一つに数えます．

　不便な徒歩通学の時にカフェにフラっと入れたのも，カフェに気づいたからです．「どこでもドア」では気づけません．不便な紙の辞書で目的とは違う単語をフラっと調べ始めるのも，その単語が目に入ったからです．電子辞書では目に入りません．不便な共用テレビで隣に座っている奴にフラっと話しかけたのも，そこで出会ったからです．部屋で個別にテレビを見ていたら，出会うことはなかったでしょう．不便なテープレコーダーから流れてきた楽曲にオヤっと聴き入るのも，耳に入ったからです．頭出しをしていては耳に入りません．

2 数式化できないものにある価値

「気づき」や「出会い」には主体性はほとんど求められません.ボーっとしてなければOKです.そして,その次に「工夫できる」ことも,客観的です.できるかできないかは,人には依存しません.ただ,そこで本当に「工夫する」段階に入るかどうかは,人によります.この時に初めて,人の主体性が必要になります.

②**アフォーダンス** 行為の可能性のことをアフォーダンスと呼ぶことがあります.私たち動物が,どのような環境でどのような行為ができるかを知るのは,脳の中での高度な情報処理がつかさどっていると考えられてきました.これに対して,環境のほうから行為の可能性(アフォーダンス)が発信され,私たち動物は自分の身体性に合致したアフォーダンスだけに同調できて,それで可能な行為を知るという考え方があります.生態学的知覚論で採用されている考え方です.

この考え方を取り入れると,不便なものは手間を介し,また物理法則に則って,正しいアフォーダンスを与えてくれます.不便なマニュアル変速でフラっと独自の運転を試せるのも,それができそうなことだと感じられたからです.また,不便なデコボコの園庭でフラっと新しい遊びを考えついたのも,それができそうなことが感じられたからです.

便利なものは，間をすっ飛ばしてくれます．「どこでもドア」などは究極です．その間に何があるのかを，見せてくれません．何ができるのかも，感じさせてくれません．

● 対象が理解できる

便利なものはブラックボックスで対象の中身を見せてくれないのに対して，不便なもののほうが対象が理解しやすい場合が多いです．このことを，不便益の一つに数えます．

新聞が勝手に配達され，料金は銀行引き落としのほうが便利です．ただ，引き落としは約束事でしかなく，また実感もともなわず，中身の見えないブラックボックスです．一方で，コンビニに出向いてキャッシュで新聞を購入するのは不便ですが，お金を介した価値交換システムが，理解できます．

電子辞書よりも不便な紙の辞書のほうが，物理空間上の広がりという，この上なく確かな基盤の上に，高い一覧性を備えています．そして，単語の配置も，英語の場合は語尾の変化で品詞が変わることが多いという性質が奏功して，理解しやすくなっています．電子辞書では，もとより配置などはありません．せっかく入力された単語にピンポイントでアクセスできるのですから，それを

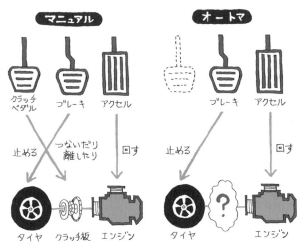

図 2.4 マニュアルの場合，オートマの場合

シンプルに出すだけです．わざわざゴチャゴチャと関連事項まで表示するのは，はばかられます．

　オートマに対してマニュアルのほうが，操作が多い上に難しいので，不便です．しかし，クラッチ板がピッタリくっついているところから連続をたどって完全に離れるところまでが，目には見えないけれどもクラッチペダルを踏み込む角度から理解できます．エンジンは回り続けているはずなのにタイヤが止まっている不思議が，理解できます(図2.4)．

　車のキーは，近年は便利なリモートコントロール式(以下，リモコン式)が主流ですが，昔は挿して捻る式でした(図2.5)．細いスロットにキーを差し込むのはちょっと手間ですし，それを捻る時には少々，力が必要です．これはちょっと不便です．しかし，捻った手首に反作用がかかるから，どこかに作用している(ロックが作動している)ことがわかりますし，挿して捻るために車に近寄っていますから，各ドアの方向からガシャンと機械仕掛けが動く音が聞こえます．これで，ロックされていることが理解できます．

　文章を作る時，ワープロを使うほうが手書きよりも便利です．しかし，ワープロの「指が押しているキー」と「入力したい文字」との間は，人の約束事でしかありません．一方で，手書きの「手が動いている軌跡」と「書

図 2.5 車のキー今昔

かれた文字の形」とは同相で，物の理(ことわり)に従っています．

● 安心・信頼できる

便利なものはブラックボックスであったり，途中をすっ飛ばしたり，人の恣意(しい)が介在するのに対して，不便なものは物の理に従うものが多いです．これは，安心や信頼をもたらします．このことを，不便益の一つに数えます．

リモコン式の車のキーのほうが，挿して捻る式より便利です．しかし，リモコン式の鍵で車をロックした時，ハザードランプが光っても，本当にロックされている保証はありません．ロックとハザードランプの間に因果関係はありません．人がそういう決まりにしているだけです．車メーカーでロックの開発をしている部門の人たちを信じるしかありません．ところで，1回光るとロック，2回光るとアンロックだと知っている人も少ないでしょう．これも，人との約束事でしかありません．

一方で，挿して捻る式が手首に与えてくれる反作用や各ドアからの機械の作動音は，物の理に裏付けられて，ロックやアンロックを保証します．これが，安心や信頼をもたらします．

2 数式化できないものにある価値

● 上達できる（飽和しない習熟）

便利なものより不便なもののほうが，上達（習熟）できる伸び代が大きいものです．このことを，不便益の一つに数えます．

さらには，上達が飽和せず，青天井のこともあります．「これ以上に上手な運転はない」という天井は，マニュアル車では考えにくいです．「これ以上に上手な文字はない」という天井は，手書き文字にはありません．どんどん上手になることができるし，独自の文字にすることもできます．

上達できるという益は，工夫ができるという益や対象が理解できるという益に支えられています．対象がどうなっているかが理解できているから，どんなことが試せるか（工夫できるか）がアフォード（提供）されて，試してみた結果が物の理に基づいてフィードバックされることで，上達を後押ししてくれます．

便利な全自動ワンプッシュボタンの押し方は，習熟のしようがありません．

● 私だけ感

便利なものより不便なもののほうが，パーソナライゼーションを与えてくれる場合が多いです．このことを，

不便益の一つに数えます.

ここで言うパーソナライズとは，D. A. ノーマンが『エモーショナルデザイン』[8]で語った内容に準じます．ノーマンは認知科学者であり，彼が『The Psychology of Everyday Things』[9]で提唱した人間中心設計は，機能性よりも使い勝手を重視するデザインであり，今や世界中のデザイナーで知らない者はいません．彼は，パーソナライズの例としてカップの汚れや家具の配置を挙げます．

デザイナーがあらかじめ用意した選択肢の組み合わせを選ぶカスタマイゼーションとは違って，ユーザーとモノとのインタラクションの痕跡(こんせき)として，ユーザーに「私だけ」のものと思わせるようになることを，パーソナライゼーションと呼びます．

便利なオートマ車よりも手間のかかるマニュアル車のほうが，独自の運転を編み出しやすいです．不便な300円制約という不便があってこそ，選び抜いた遠足のおやつは，自分ならではのお菓子の組み合わせになります．服が汚れたりかすれたりすることは，一般には不便なことです．しかし，たとえばジーパンのかすれなど，自分が使い込んだインタラクションの痕跡ならば，美しくさえあります．便利な電子辞書ではなく紙の辞書でなければ，使い込んだ跡であるクタクタ感が得られません．

2 数式化できないものにある価値

  8 D. A. ノーマン『エモーショナルデザイン——微笑を誘うモノたちのために』岡本明ほか訳, 新曜社, 2004.
  9 D. A. ノーマン『誰のためのデザイン?——認知科学者のデザイン原論』野島久雄訳, 新曜社, 1990.

● 能力低下を防ぐ

 便利な方式より不便な方式のほうが, 人の能力低下を防ぐ場合が多いです. このことを, 不便益の一つに数えます.

 便利なバリアフリーではなく, 意図的に段差や階段を住環境に組み入れるバリアアリーは, 身体能力低下の速度を緩めると言われます. 便利な電動車椅子ではなく, 後述します自分の足でこがねばならない足こぎ車椅子(COGY)に, リハビリ効果が期待されています.

(6) 懐古趣味でもなく,
    便利を否定するでもなく

 「不便益」は, 便利さに囲まれた生活へのアンチテーゼでも,「昔は良かった」といったノスタルジーでもありません.「不便だけど, 我慢をすれば良いことがある」といった妥協ではなく,「不便だからこそ, 良いことがある」という前向きな考え方をすることも特徴です.

 とはいえ,「ノスタルジーではない」という表現も誤

解を招きやすいところがあります.「昔は良かった，あの頃に戻りたい」というところで思考が止まってしまうのは単なるノスタルジーです.「なんで昔は良かったの？」とその理由を掘り下げて考え，もしそこに「不便の益」があれば，これからのモノ・コトのデザインに活かしていく．こうした前向きで未来志向の考え方をしていくのであれば，ノスタルジーも不便益デザインを考えるための取っかかりの一つになります．

● 便利は人をダメにする？

便利は人の能力を衰えさせるという忠告は，様々なところで耳にします．講義で板書(ばんしょ)する時に漢字が思い出せず，「自分がバカになっている？ ワープロ症候群だ！」と思うことがあります．非常時には動物としての能力が問われ，電気が止まると何もできない，携帯電話がないと途方に暮れるという状況に危機感が募ります．

ただ，不便益は「日常的に非常時に備える訓練をすべきで，そのために不便な生活をしよう」と主張するものではありません．結果的に，不便の効用を知る生活は，(ちょっとだけ)備えになるかもしれませんけど．

● 便利は人から仕事を奪う？

もちろん，「ウカウカしていると，人がする仕事がな

2 数式化できないものにある価値

くなる.だから,AIを開発して便利になったと喜んでいる場合じゃない.AI開発は,今すぐ中止すべきだ」と言いたいわけではありません.

　不便の効用を知ることは,人と(AIを含めた)人工物との関係を,「代替」以外にも求めるものです.つまり,AIを含めた最先端技術を応用して何を作ると良いのかを考える時,「手間いらずになればそれでいい」以外の考え方の一つが,不便益なのです.

● 今苦しんでおけば,後から良いことがある？

　リハビリでも勉強でも筋トレでも,苦労してしんどい思いをしたら,良いことが待っています.手間をかけ,頭を使えば,なんらかの見返りがあるって,あたりまえのことかもしれません.何も不便益という新しい言葉を作ってまで語るべきことなのでしょうか？

　実は,あたりまえに思っていることが,そうでもないのです.益のない不便と益のある不便は,それぞれ存在します.あたりまえで自明だと最初から思い込んで思考停止させてしまうと,その存在にも気づけません.なんでも便利なほうが良いに決まってる,と言う時の「決まってる」を疑ってみて初めて,不便益ってあるかも,と気づけるのに似ています.

● 楽ではないが楽しい

　スポーツやゲームは制約(ルール)があるから楽しいものです．もし，制約があることを「自由がないから不便だ」と捉えることができれば，スポーツが楽しいのも不便の効用と言えます．ライン生産方式よりセル生産方式のほうが，楽ではないけど楽しいと言えますし，電動車椅子より足こぎ車椅子のほうが，楽ではないけど楽しいと言えるでしょう．不便益の事例の中には，「楽ではないけど楽しい」をスローガンにできるものが多いです．

　さて，スポーツやゲームを，この仲間に入れてもいいものでしょうか？

　不便益を研究している仲間内では，意見が分かれています．「ゲームまで不便益に入れてしまうと，なんでも不便益になってしまうから，イヤだ」と消極的な人もいます．一方で，積極的にゲーミフィケーションを取り入れて不便益システムを作っている人もいます．ゲーミフィケーションとは，ゲームを楽しいものにするコツを，ゲーム以外に持ち込むことです．そのコツの一つに「競争」があります．たとえば，自動車の運転席に「あなたの安全運転スコア」を表示してほかの人のスコアと比べさせると，ドライバーは安全運転をするようになります．こうすると，自分で安全運転をすることは，「勝手

2　数式化できないものにある価値

に自動ブレーキ安全装置」よりも楽ではないですが，楽しいようです．

● 不便益ですか？

「スポーツやゲームが楽しいことも不便益ですか」と問われると，私は個人的には「はい」と答えます．

便利／不便とは異なる独立した軸が想定されること，その軸が益とみなせるものを表していること，この2点を満たせば不便益ですよという立場を採っています．

ただ，スポーツが楽しいことは不便益ですよと「認識」するだけでは，話は先に進みません．そこから，不便益のある新しいものの「設計（デザイン）」に活かせる知見が得られないと，意味がないと思ってます．そういう知見が得られる場合は，便利／不便軸と益／害軸の間にトレードオフがあるという特徴があります．ただし，そのトレードオフの中でも新しいモノゴトの設計に活かせる知見があるのは一部に限られます．つまり，不便にすれば，なんでもいいわけではありません．手間いらずにしていれば，なんでもいいわけではないのと，同じです．不便益を一緒に研究している人の中には，このような「設計」に活かせる限定された場合にだけ「不便益」と呼ぶ人もいます．

3
「不便益」をデザインする，形にするのは面白い！

3 「不便益」をデザインする，形にするのは面白い！

(1) 不便益がキーワードのデザイン・もの作り

手間がかかったり頭を使わねばならなかったりする，そしてそれだからこそその益がユーザーにもたらされる，そのようなモノゴトを「不便益システム」と呼んでいます．そして，そのようなシステムのデザインを「不便益デザイン」と呼びましょう．

世の中の不便益デザインを探してきて，勝手に「あー，これ，不便益だ」と認定して回ったり，新たな不便益デザインを考えるのは，楽しいことです．たとえば，こんな感じです．

🔴 足こぎ車椅子

足こぎ車椅子というものを知った時，私は勝手に不便益デザイン認定してしまいました．初めて聞いた時は「足が動かない人に，こげって，どういうこと？」と思いましたが，スイスイとスラロームを駆け抜けていくデモンストレーションを見たら，合点がゆきました．

車椅子のユーザーには，片足が動かない人や力が入りづらくて自立するにはバランスが取れない人も大勢います．そのようなユーザーは，歩行は難しくてもペダルをこぐことはできます．そこで，手で車輪を回すのでもな

足こぎ車椅子 COGY. 車体は赤色と黄色の 2 色がある. 下は足をペダルにおいてこぐタイプ（写真提供：TESS）

3 「不便益」をデザインする,形にするのは面白い!

く,電動でもなく,自転車のように足でペダルをこいで動かす車椅子が開発されました.

もともとはリハビリを目的に開発されたそうです.ペダルは,ソケット状になっていて,両足の先を差し込むタイプのものと,そうでないものとがあります.ソケット状の場合,動くほうの足でこぐと,引きずられる形で(さらには脊髄の原始的歩行中枢から出る指令で)麻痺しているほうの足が動きます.これがリハビリになるのだそうです.

しかし私は,リハビリだけではなく,メンタルな不便益もあるなと感じています.車椅子のもともとの目的である「移動」に関しては,ほかに便利な方法があるにもかかわらず,あえてユーザーにロード(負荷)がかかる方式を採用することで得られる益は,リハビリ効果だけではありません.

私は工学畑にいましたので,現状の車椅子をベースにして移動補助装置をデザインせよと言われれば,動力アシストをつけるとか,自動車の衝突軽減装置をつけて,ぶつかりそうになると自動的にブレーキがかかるとか,ついつい便利な方向に改良したくなります.

ところが,足こぎ車椅子は逆の発想です.「自分で,こげ」という車椅子です.電動などと比べれば身体に負担がかかり,不便ではあります.しかし,自分の力で

移動できるということは，ユーザーにとってはとても嬉しいことなのだそうです．あえて不便にすることによって，クオリティオブライフ＝生活の質を向上させています．

🌑 かすれていくナビ

カーナビゲーションシステム（以下，カーナビ）は便利です．日本で販売される新車には標準装備されているものが多く，車のエンジンをかけると同時に電源が入りカーナビが起動するものもあります．オンオフスイッチがないものさえあり，もはやカーナビ前提のようです．車を移動手段だと考えると，カーナビは移動を容易にする便利グッズです．

一方で，イタリア在住の漫画家の方に聞いた話ですが，「イタリア人の夫はあえてナビのついていない車にこだわって買う」とのことでした．イタリアといえば車もこだわりのメーカーが多いイメージですが，ドライバーもその方のパートナーのようにこだわりのある人が多いようです．車は単なる移動手段ではなく，助手席に座って地図を片手にナビゲートをしてくれる妻との会話を成立させる場であり，成長するにつれて正確なナビゲートをするようになってきた息子に眼を細める場なのだそうです．

かすれるナビ

　日本でも，ドライブに出かける時は，便利なカーナビのスイッチを切って，助手席の人に地図を渡してみてはどうでしょうか．

　ところで，私は不便益のあるものをデザインしたいので，便利なものを見ると不便にしたくなります．ナビの便利さの本質は，正確で詳細な情報が確実に知らされることです．そこで，この本質を欠かせて，不便なナビを作ってみました．通った道がちょっとずつかすれていって，同じ所を3回も通ると，その周辺は真っ白で見えなくなるナビです．

　ちょっと楽しそうだと思いませんか？「前に来た時

は，確かここら辺のカドを曲がったんだけど，どこだっけ？」と思ってナビを見ても，かすれていて正確なカドが見えないのです．

このかすれる機能を，実験装置として歩行用観光ナビに実装してみました．そして，かすれるか否かだけが異なり，ほかはまったく同じ2種類のナビを作り，これを持って何人かの人に京都の街を歩いてもらいました．その後，歩いた道沿いの写真とダミーとして違う道の写真を見せて「この風景，見ましたか？」と尋ねたところ，正しく答えた割合は，かすれるナビを使ったグループのほうが有意に高くなりました．

きっと，普通のナビだと「いつでも取り出せる情報が装置の中に入っているのだから，同じ情報を自分の頭に入れる必要がない」という深層心理が働くのでしょう．「カーナビを使うといつまでたっても道を覚えない」と感じる人が多いのもうなずけます．

● 消えてゆく絵本

書籍にも，私が勝手に不便益デザイン認定したものがあります．「大人になると見れなくなる本」です．ピーターパンの絵本なのですが，月日が経つうちに文字や挿絵が消えていくため，子どもの頃に買ってもらっても，大人になるとネバーランドが見えなくなるという仕掛け

3 「不便益」をデザインする，形にするのは面白い！

です．

　文字や挿絵が消えるとなれば「積読(つんどく)」はできません．いつでも読めるという便利さが失われるので，いわば不便な絵本です．しかし，本というモノに時間の概念を差し込み，「表示」という機能を引き算したことで，「本を読む」ということの本質的な価値を際立たせています．

　実はよく見ていくと，デザイン的には「引き算」でも実装的には「足し算」がなされています．新たなインクが開発されていたのです．このインクは，紙が日焼けによって変色した時と同じ色をしており，それで文字や挿絵が印刷されています．そのため，経年劣化で日焼けが進むと文字や挿絵が紙の色に同化していくわけです．非常に面白い発想とコンセプトですし，不便だからこそ得られる益があります．本を読むことをモチベートするという益です．

　逆に，いつでもOKという便利が，人のモチベーションを下げることが多々あります．私は学生時代に銀閣寺のすぐ近くに下宿していたのですが，いつでも行けるし，単なる通学途中の風景と化してしまい，学生の間には結局一度も行きませんでした．

　また，デザイン的に引き算といえば，2章でも触れたルーレットガイドコースが思い出されます．これは，京都市内の碁盤(ごばん)の目をルーレットに翻弄(ほんろう)されながらウロウ

ロして，目的地の観光名所にたどり着けないこともあるツアーです．目的地に確実にたどり着くことをツアーから引き算することによって，京都での体験を強烈な思い出にしていました．

● 素数ものさし

　大学にはオリジナルグッズがいくつかあるものです．「素数ものさし」は，京都大学のオリジナルグッズの一つです．これも，意図的に不便にしたデザインです．

　ものさしの目盛りは全ての数字のところについているのが普通ですし，それでなんの不満もありません．なのに素数ものさしは，目盛りが歯抜けで素数のところにしかありません．これでは素数しか測れないようにも思えますが，たとえば4は7−3というように，素数の差で測れたりします．1=3−2，2=5−3，3=5−2と，もしかすると全ての整数は二つの素数の差で出せるかも，という仮説が頭に浮かびます．実は，差ではないのですが，「二つの素数の和で4以上の全ての偶数が表せる（=5より大きい奇数は三つの素数の和で表せる）」とゴールドバッハが予想したのが18世紀なのに，これが正しいことを未だに誰も証明できていないという事実が，この仮説に花を添えます．

　さらに，4=7−3=11−7=17−13と，素数ものさしの

「素数ものさし」は
京都大学のオリジナルグッズ

目盛りを見ていると，同じ長さでも測り方は一通りでないことが，目に見えます．長さを測るたびに簡単な引き算が必要になるので，もしかして脳トレになるかもしれません．

素数ものさしは，面白グッズでしかないように見えますが，実は「不便益」のシンプルなデモンストレーションにもなっているのです．今では定番の京大土産になってくれました．

● 弱いロボット

ロボットにも，私が勝手に不便益デザイン認定したものがあります．「弱いロボット」シリーズ[10]です．たとえばゴミ箱ロボットは，ゴミを見つけても自分では拾わず，ゴミの周りをうろうろして，周りの人が拾ってくれるのを誘います．

普通はロボットといえば，人を代替して何かの作業を自律的にこなしてくれるもので，人のロードを下げるという意味で便利なもののはずです．掃除をするという目的で作られたロボットなら，ゴミを拾うところまで自律的にやってほしいものです．しかし，ゴミ箱ロボットは，周囲にいる人間にゴミを拾わせます．人に手間をかけさせるという意味で，あえて不便にデザインされたロボットです．でも，不便だからこそ人とのインタラクシ

「弱いロボット」シリーズ．ゴミの周りをうろうろして，拾ってくれるのを待つゴミ箱ロボット（上）．自分で動くことができないロボット「む〜」は，表情も手足もない（写真提供：岡田美智男）

ョンを誘います．ゴミのそばでモジモジされ，ペコっとお辞儀のような仕草をされると，ゴミを拾ってやりたくなるそうです．

　工場の中でタスクを正確に自律的にこなすロボットではなく，家庭や社会の中では社会性を持つロボットが求められる場面が増えてくると思います．その時に，良い形で人間と共生するのは，なんでもこなす便利で完璧なロボットではないと思うのです．では，どんなものがあり得るのかと考える時，不便益的な発想が必要だろうと思います．

　10　岡田美智男『弱いロボット』医学書院，2012．

不便な京土産

　お土産について考えてみます．今は，京都駅で観光帰りに京都の有名なお土産が簡単に買えてしまいます．京都でなくても，日本中で見られるグローバルで画一的な方式です．しかも，京都駅でほかの地方の名物が買えたりします．これでは，便利すぎます．

　お土産とは思い出のおすそ分けではなかったのでしょうか？　それなのに，新幹線に飛び乗る直前にヒョイと買えるお土産には，思い出が紐づいていません．京都の街を訪ねたという思い出は，ネットの上に溢れる写真や動画を見るだけでは得られない，本当にその街に身を置

3 「不便益」をデザインする，形にするのは面白い！

いたからこそ得られるものでなければなりません．

そこで，街の中の本店に足を運ばねば買えないという，不便なお土産を考えてみました．

もともと，デザインワークの参加者たちがまとめたのは，次のようなアイデアでした．旅行者はまず，京都に着いたら，特別な風呂敷と本店のリストを購入します．そして，本店まで足を運んだら，その風呂敷を持っている人にしか買えない商品を購入します．同じように何軒かを巡ると，かの有名な鶴屋さんとか，有名な亀屋さんのお菓子が一つの風呂敷の中に詰め合わせされているという，普通はあり得ないオリジナルなお土産が誕生するのです．

本店にまで足を運べば，その道中に起きたことも思い出話に加わります．お土産と京都の街をつなぐ色々なことが，心に残ります．わざわざ足を運ぶのは不便ですが，長い歴史を持つ街は，街中に埋め込まれた小さな驚きを返してくれます．

デザインワークで出た，もともとのアイデアは実装できませんでしたが，不便なお土産によって街の思い出を増やしてもらう目論見(もくろみ)は，『ほんものの京みやげ』[11]という書籍に結実しました．この本は，平均して280年ほどの歴史を持つ京都きっての老舗(しにせ)ばかり18店の本店を紹介しています．これを持って本店まで足を運び，土産

『ほんものの京みやげ』(朝日新聞出版)

を求めれば,花押か店印を押してもらえるという,御朱印帳のような一冊です.

11　朝日新聞出版編『ほんものの京みやげ』朝日新聞出版, 2018.

🌀 左折オンリーツアー

京都市左京区を舞台にして,左にちなんで「左折オンリーツアー」を企画しました.このツアーでは,集合地点から目的地に向けて市内を徒歩で移動するのですが,その時に「右折してはいけない」というルールを設けました.ご存知の通り,京都というのは碁盤の目の町なので,左折しかできないことに不便はあるものの,右折と同じことが「一筋通り越して左折して左折して左折」で実現できます.

3 「不便益」をデザインする，形にするのは面白い！

　この3回の左折を繰り返す時，人の習性として「次の角」を曲がりたくなります．本能的に，できるだけ近回りをして無駄をなくしたいようです．まずもって左折オンリーツアーに参加申し込みをする時点で，目的地の観光名所に移動するだけを目的とすれば無駄な行程になることは覚悟の上だと思うのですが，不思議なものです．

　ただ，そうすると，細い路地に入り込むことになります．ここで，古い街であることの出番です．必ずと言って良いほど，細い路地には発見があるのです．

　この左折オンリーツアーは，京都の地理的特性と「不便益」を組み合わせたツアーになっています．目的地に効率的に着くことよりも，街をワンダリングして思い出を作ることを重視したツアーです．

● 刻印のないキーボード

　不便益について考え始めるよりもずっと前から，今から思えば勝手に不便益デザイン認定したくなるものがありました．刻印のない，のっぺらぼうの真っ白なキーボードです．各々のキーに文字が刻印されてないと，不便な気がします．しかし，完全にタッチタイピングできる人にとっては，どうせ見ないのですから，刻印は大きなお世話だったのです．

英語配列の無刻印キーボード
(写真提供:(株)PFU)

　タッチタイピングとは，キーボードを見ずに文字を打ち込むことです．これができると，視線をずっとモニターの上に置くことができて，作業が早く進みます．

　キーボードに慣れてタッチタイピングできるようになれば，不慣れな時にはお世話になった刻印とはおさらばして，真っ白でカッコ良いデザインのキーボードが使えるようになります．いっそ真っ白だと，チラチラと見ても無意味ですから，タッチタイピングの練習にも使えそうです．

(2)　不便益システム研究所

　ここまで，私が勝手に不便益認定をしてきたデザイン事例や，新しい不便益デザインを紹介してきました．ところが，実は私が勝手に不便益認定するのは事例だけで

3 「不便益」をデザインする，形にするのは面白い！

はないのです．そうしたデザインや研究をされた方たちを，勝手に不便益研究仲間と思い込んでしまうこともよくあります．思い込まれてしまった研究者の方々にはご迷惑かもしれませんが，不便益システム研究所のメンバーになってもらえませんかと，声をかけます．

この研究所はウェブ上に作ったバーチャルなものですが，私が研究所の代表ということになっていますので，京都大学に実在する研究所かと勘違いされることもたまにあります．研究所に所属する方々は，京都大学だけでなく色々な大学の先生方で，以下のような研究をされています．

● 車の研究

とにかく車が好きで，車の研究ばかりやっているメンバーが，研究所の中にいます．ちなみに，研究所はSNSやツイッターもやっていますが，その「中の人」は，この先生です．車そのものだけでなく，車を運転することも好きです．ですから，車の自動運転を実現させて人が運転しなくてもよくなる便利を追求するよりも，人が手間をかけ，頭を使って運転することの楽しみ（不便の益）を追求する研究が主体です．2章(6)で「積極的にゲーミフィケーションを取り入れて不便益システムを作っている人」と紹介したのも，この人です．

たとえば，車の運転席に自分のエコ運転のスコアが刻々と表示され，エコ運転が上手になってレベルクリアすると次のレベルに入り，その情報がインターネットにつながっていて自分のスコアが世界中のドライバーの中で何番目かがわかると，どうでしょう？　車を運転したことのない人でも，なんだかゲームのようで面白そうと思いませんか？　正確には少し違うのですが，このようなゲーム的要素を取り入れてエコ運転や安全運転を促す車の運転席を作って実験してみると，予想通りのことが起こります．ドライバーはエコ運転や安全運転をするようになるのだそうです．

● 発想支援の研究

　研究所のメンバーの中には発想支援をテーマに研究している人がいます．何か問題があった時に「その手があったか！」的な解決方法を発想するのは，楽しいものです．たとえば，駅前などで自転車を放置してはいけない場所に「ここは駐輪禁止」と張り紙する代わりに「無料シェアサイクルステーション」と張り紙するというアイデアには，膝を打ちました．そこに自分の自転車を駐輪すると，誰かが「あー，無料で好きに使っていいサービスなんだ」と，どこかに乗っていってしまいそうです．

　このような問題解決法の発想を支援する研究も，不便

3 「不便益」をデザインする，形にするのは面白い！

益研究の中にあります．たとえばブレストバトル．これは，数名のグループでアイデアを出し合う時によく使われるブレインストーミングを，グループ対抗バトルにしたものです．前半は，グループ内で互いに批判せず，中途半端なアイデアでも歓迎して，とにかくアイデアを量産するという，普通のブレストをやります．次に，たくさん出たアイデアの中から良さそうなアイデアを各人が一つずつ選んだ後，バトルに勝てるようにアイデアを練り上げます．最後に，各グループ(5人が望ましい)から一人ずつ1分でアイデアをプレゼンし，参加者全員の挙手で一番面白いアイデアを決めるというバトルをします．このバトルを，先鋒・次鋒・中堅・副将・大将と繰り返します．

ほかには，コンピュータによる発想支援システムもあります．まず，たくさんの不便益事例を解析して「どのような不便から，どのような益が得られるか」の知識を抽出しました．これを蓄えた知識ベースを持つコンピュータに，ユーザー自身が直面する問題を入力したら，コンピュータは問題解決に使えそうな知識を提示してくれます．

同じようにコンピュータシステムですが，「知識」ではなく「事例」をそのまま蓄えた事例ベースを持つものもあります．ユーザー自身が直面する問題を入力した

ら,コンピュータは同様の問題を解決した事例を見せて,「こんなふうに不便にしてみたら解決できるかも」と提案してくれます.

● コミュニケーション場の
　　メカニズムデザインの研究

　知らない人がこの研究テーマを聞くと,最初は何をデザインしているのやら想像がつかないでしょう.何やら難しそうです.この研究をしている人が考案したものの一つが,書評ゲーム「ビブリオバトル」です.これは,書評を戦わせるゲームという場で人と人とがコミュニケーションをするよう,そのゲームのメカニズム(つまりルール)がデザインされています.

　今や書評は,ネットに書き込んでおけば「いつでも,どこでも,だれとでも」便利に交わすことができます.これに対して,本を片手に1箇所に集まり,制限時間内に書評を口頭で戦わせるというゲームは,「いまだけ,ここだけ,ぼくらだけ」であり,便利のスローガンの逆をいっています.ゲームが不便かと問われると首を傾げたくなるかもしれませんが,「便利」の逆であることは確かです.

3 「不便益」をデザインする，形にするのは面白い！

● 学びの研究

　研究所のメンバーの中には，大学付属博物館の准教授がいます．博物館における学びについても，不便益が関連します．

　博物館に行かねば観れない所蔵品を，インターネットで公開するべきでしょうか？　「ネットで観れるのなら，わざわざ博物館へ行く人は減るだろう」と思われます．人は手間を惜しみ便利に流されるものだと考えるなら，です．

　しかし2007年に大英博物館が全所蔵作品のインターネット公開を目指すプロジェクトをスタートさせると，大英博物館の来館者は急増したそうです．ネットが呼び水となり，わざわざ足を運ぶ人が増えたのです．デジタル空間での出会いが「関心を持つ契機」となったのですね．

　また，写真撮影することで，記録した気になって逆に記憶しない，見た気になって逆に観ていない，という現象もあります．美術館や博物館で写真撮影を禁じているのは，写真撮影が鑑賞の力を弱め，鑑賞体験を台無しにするという理由もあるのだとのことです．

　このような博物館や美術館における不便益について，博物館に所属する研究所のメンバーは博識であり，それ

を活かした展示方法なども開発しています．長い解説文を廃止して極端に短いキャプションだけにした展示，などです．

🌸 ロボットの研究

研究所のメンバーの中には，ロボットの研究者もいます．「弱いロボットシリーズ」も，このメンバーのデザインです．本章(1)でお話しした「ゴミ箱ロボット」や「む〜」のほかにも，たくさんの弱いロボットが開発されました．

たとえば，アイ・ボーンズは，ガイコツをかわいらしくしたような風貌で，動きが実にぎこちないロボットです．こいつにティッシュ配りをさせると，実に効率が悪く，相手とのタイミングがつかめず，なかなかティッシュが渡せません．でも人は，そのおどおどしたぎこちなさに，逆に吸い寄せられてティッシュを受け取りに行きたくなります．そのような様子を撮影した動画が，閲覧数20万を超えていました．

🌸 観光の研究

研究所のメンバーの中には，観光の研究者もいます．本章(1)で「かすれていくナビ」を作った話をしましたが，この観光研究のグループもナビを不便にすることを

3 「不便益」をデザインする,形にするのは面白い!

企てています.

ツアーバスに揺られて効率的に名所を巡る観光より,自分の足で散策するタイプの観光を選ぶ人が増えたのは,不便益の研究チームとしては喜ばしいことです.ただ,散策型の観光でも地図をベースにしたナビゲーションシステムがあり,これは便利すぎます.これを不便にしてやろうというのです.散策が,ナビゲーションシステムの言う通りに動く,単なる「移動」になっては意味がない,ということです.また,観光が,事前情報の単なる再確認で終わる予定調和的なものでは意味がなく,現場での気づきや驚きといった楽しみが必要であろうということです.

そのためにこのチームは,観光者自身があらかじめ観光地を調べて作った手書きの地図を表示するナビ,自分の周囲 100 m が表示されない地図,道路は表示されず目印となる建物だけが表示される地図など,楽しそうなナビをたくさん試作しては,実験を繰り返しています.実験は京都や奈良などの観光地で実施する必要があり,実験を担当する学生たち,費用は先生もちで観光地に行けるという役得がありますね.

● 人間活動支援の研究

研究所のメンバーの中には,人の創造活動や協調作業

などを支援する研究をしている人がいます．そして，その支援の枠組みが不便益的なのです．ご本人は「妨害による支援」と名付けられています．妨害というと，不便益よりもさらに強力に聞こえます．

妨害による支援システムが，いくつか開発されました．そのうちの一つが「GiantCutlery」です．これは，一つの食卓を囲んでワイワイガヤガヤと食事をする時に使います．普通，大皿に盛られた料理を自分の小皿に取り分ける時は，自分が食べたい料理を自分で取ります．ところが GiantCutlery は，自分で自分のを取ろうとする人がいると，その人の小皿に蓋をしてしまいます．つまり，隣の人に欲しい食べ物を取ってもらわねばならないのです．せっかく一緒の食卓を囲んでいるのだから，だまって一人でもくもくと食べるのではなく，無理矢理にでもコミュニケーションを取らせようという目論見です．

瓶ビールを飲む時は，自分でビールをコップについではいけないという風習が日本にはあります．コップが空の人が隣にいれば，ビールをついであげながら，コミュニケーションが発生します．それと似たような状況を飲み物だけでなく食べ物でも，GiantCutlery が作り出しています．

GiantCutlery がどのような機構で実現されているの

かはわからないのですが,磁気センサーやサーボモーターなどが使われているそうです.そのような難しそうな技術が,惜しげもなく「食事を不便にする」ために注ぎ込まれています.

もう一つ,妨害による支援の例を挙げると,「Gestalt Imprinting Method」があります.これはワープロの一種です.文章を作るのが手書きからワープロに変わると,漢字は読めるけど書けなくなります.子どもの頃に一所懸命覚えた漢字を忘却していくというのは,情けないものです.だからといって,ワープロを捨てて手書きの時代に戻ることは,もはやできません.

Gestalt Imprinting Methodは,「時々,形状が間違っている漢字を文章の中に潜ませる」ワープロです.たとえば「歳」という漢字を書いたつもりが,左下の部分が「示」になっている変な漢字がたまに混じるのです.それに気づいて修正しない限り,このワープロは文章保存させてくれません.不便です.文章生成を妨害されています.でも,漢字の間違いがすぐにわかるようになり,それが漢字の形状記憶につながることが,確認されたそうです.

(3) ユーザーエクスペリエンスの時代へ

　デザインの分野では，高機能化や高性能化を追求していればよいという時代は終わっています．それに代わり，ユーザビリティデザインが勃興しました．そして今や，ユーザーエクスペリエンスの時代です．

　新しいことができる道具が開発されれば，良いことが起こりそうです．人が関わる必要のない自動化機械ができれば，楽になりそうです．このような前提で，技術革新が続いてきました．

　ただそれでは立ち行かなくなりました．新たな機能があることよりも，人が使えなければ意味がありません．今でも，たくさんのボタンがあるリモコンを見ると，使ったことのない機能がたくさん隠されています．「なんで，このボタンとこのボタンを同時に押すと，こうなっちゃうんだよ」ということが，あります．こういうのを，ユーザビリティがない，あるいは低いと言います．使い勝手が悪いということです．

　ユーザビリティデザインとか人間中心設計とかユーザー中心設計と言われるのは，このユーザビリティの高さを大切にするデザインのことです．具体的には，どのように使えて，使った結果がどうなったかがわかるよう

にデザインせよ,ということです.

ところが,使いやすければそれでよい,という時代でもなくなりました.ユーザーエクスペリエンスをデザインせよと言われるのです.

「モノのデザインを通してコトをデザインせよ」とは,昔から言われていました.この時の「コト」に「モノを使うユーザーの体験」を当てはめれば,恐らく西洋から流れてきたカッコ良いスローガンであるユーザーエクスペリエンスと同じになります.UXデザインと省略すると,もっとカッコ良く聞こえます.

しかし,言ってることが今一つわかりにくく,具体的にはどのようなデザインをしたらよいのか,人によってデザイン対象によって様々に解釈されます.それならば,ユーザーに不便益を体験(エクスペリエンス)してもらうモノゴトをデザインするために,便利なものを持たないという体験をしてみました.

● スマホを持たない経験

ノスタルジーではないのですが,不便だからこそよいという体験を見つけ出すために,自らが被験者となっています.つまり新しく不便の益があるものをデザインするヒントを得るために,手間がかかり頭を使わねばならぬ状況に身を置いています.

まず，携帯電話やスマホを持ったことはありません．これは，不便益というものを考え出すよりずっと昔，ポケベルが流行した時に端を発しています．ポケベルとは，数文字のメッセージしか受け取れない，ショートメッセージ受信専用小型スマホみたいなものです．会社からポケベルを持たされたサラリーマンたちがこぞって「首に鈴を着けられたネコのようだ」と言っていました．どこにいても，会社から呼び出されるのです．

　ポケベルブームのちょっと前から，大学の研究室や企業の研究所がインターネットにつながり始めていました．最初は面白がっていましたが，その時に「メールをやめたが，仕事に支障はない．それどころか，今までメールチェックでつぶしていた午前中を，まるまる有意義な仕事に使えるようになった」という米国の研究者の話を聞きました．1990年代に入ってすぐの頃です．

　日本では，ようやく限られた一部の人が使えるようになったばかりの頃に，外国ではメールを使うのをやめる人が出始めていたのです．数年も経つと，私にも，その研究者の気持ちがわかるようになりました．しかしメールをやめるのは怖くてできません．それなのに，これ以上，誰かにつながれるための装置を常に携帯するなど，とんでもないことです．

　このように，もともとは，首に鈴を着けられたくな

3 「不便益」をデザインする，形にするのは面白い！

い，ウンザリするほどの情報の波にもまれたくない，という逃げだったのですが，結果，便利な携帯電話もスマホも持ったことがない，と言える状況になっています．

さぞや不便でしょうと言われると，そうかなと思うこともあります．しかし，携帯電話やスマホを持つという便利な状態を経験したことがないので，比べようがなく，ピンと来ません．便利／不便というのは，比較の問題だったようです．

ただ，携帯電話不携帯という実験のおかげで，楽しい経験はしています．初めて来た出張先では，あらかじめ頭に叩き込んだメンタルマップや，あらかじめプリントアウトしてきた地図と町並みを照合しながら目的地に向かうのは，楽しいです．おそらくスマホを持っている人は，手のひらの上の地図が示す方向に向かえば，町を見回す必要もなく目的地への移動というタスクが完了するでしょう．逆に私は，スマホを持っていないおかげで，単なる出張が旅の様相になります．地元の路線バスに乗っても，みなさんは手元の携帯電話やスマホを見ているのですが，私は窓の外を見ています．そして，予想と違う風景に出くわしてメンタルマップを修正するのも，楽しいものです．

時計を持たない経験

つい先日まで，時計を持っていませんでした．携帯電話もスマホも持っていない上に時計も持っていないとなると，簡単には時間がわかりません．でも，時計を持たなくなったら，あくせくせずに済むようになりました．とりあえず，何があっても間に合うように，余裕を持って動きます．バス1本待つことをなぜこれまで嫌がっていたんだろう，なんでバスが来る直前にバス停に着こうとしていたんだろうと思うようになりました．

突然ですが，ゴットフリート・W・ライプニッツ（1646-1716）とアイザック・ニュートン（1642-1727）といえば，同じ時代の人たちで，二人とも数学や自然科学で顕著な業績を残しています．二人は1680年代のほぼ同時期に微分と積分を発見し，それぞれの支持者たちが互いに先取権を譲らなかったことで有名です．一方で，こちらはあまり有名ではありませんが，ライプニッツとサミュエル・クラーク（1675-1729，ニュートンの代理）が交わした往復書簡で，双方がまったく対比的な時間と空間の概念を戦わせていたそうです．

ニュートン側は，時間も空間も絶対であると考えています．今の私たちの考えと同じです．時間は，一定区間の目盛りのついた数直線のようなものです．今で言うと

ライプニッツ

ころの比例尺度です．ところがライプニッツ側は，時間とはモノが移り変わる継起の順序であると主張します．今で言うところの順序尺度です．

この違いを，古代ギリシャで考えられていた2種類の時間（クロノスとカイロス）に対応させる人もいます．クロノスは過去から未来へと一定速で一定方向に流れる連続時間なのに対して，カイロスは機会（チャンス）を意味する神の名前だそうです．機会は連続しません．一瞬です．それが積み重なってゆきます．つまり，ニュートン時間がクロノスで，ライプニッツ時間がカイロスに対応します．

時計を持たずにいる経験をすると，ニュートン時間の束縛から解放された気になります．個人的な経験ですが，中高生の時には日本史や世界史で年号を覚えることが苦痛でした．しかし，大人になったら学生時代にも

ニュートン

らった歴史資料集を眺めるのが楽しくなりました．その理由を考えてみると，テストのために覚える年号はニュートン時間だったという気がします．数直線上に並んでいて，数字そのものが知っておくべき情報でした．一方で，趣味で楽しむ歴史の年号は，物事の前後を知るための目印，つまりライプニッツ時間のためのツールになったのです．

● 写真を撮らない経験

　私は，カメラを持っていません．携帯電話もスマホも持っていない上にカメラも持っていないとなると，写真撮影はできません．ただ，積読に似ていますが，写真を撮ると，それだけで安心して記憶があいまいになること，ありませんか？

　かすれるナビにも，根底思想が近いです．かすれるナ

3 「不便益」をデザインする，形にするのは面白い！

ビは，地図がかすれることによって，街を頭の中に入れようという深層心理が働きました．同じようなことがカメラにも起きています．デジタルカメラのように，いつまでも記録されて，いつでも取り出せる情報が機械の中にあると思うと，深層心理が，自分の頭に入れる必要がないと思うようです．なので，思い出を残すために，写真は撮りません．

ちょうど私の息子が小学生ぐらいの時に，ビデオカメラがハンディになって，各家庭で買えるようになりました．当時のお父さんやお母さんたちは，飛びつきました．私も子どもの運動会を喜んで撮って，帰ってから編集して，いつでも見れるようにしておきました．しかし，そのビデオが見返されたことはありません．それどころか，その運動会でウチの子どもたちが何をやったかが，あいまいなのです．ファインダーを通さずに直接見るほうが，鮮明に，詳細に，周りの風景まで含めて記憶に残ります．さらに，機械に記録されているという安心感が，記憶を邪魔します．本当に子どもの運動会を楽しみたかったら，撮ってはいけないと思うのです．

海外出張をし始めた頃は，喜んで写真を撮りまくっていましたが，結局あの写真はどこにいったんでしょう．海外で開催された学会に参加した折，会場を抜け出して何か大きな古い教会の前で撮った写真を見つけまし

たが，どの街だったか覚えていません．大きな古い教会は，至るところにありました．

（4） 不便益デザインワークショップ

不便だからこその効用があるというのは，なんとなくそんな気はするけど，真面目に考えたことがない，という人がほとんどです．だからこそ，いざ真面目に考えてみようと言われると，今まで考えてもみなかった新しい視点を得られるような期待が湧きます．

すでに知られた事象を不便益という視点から捉え直すと，見過ごしていた価値に気づくことがあります．一方，不便益が得られるように道具や仕組みをデザインするのも，楽しいことです．今までに知られていない新しい価値を創造できるかもしれません．そこで，不便益をテーマにしたデザインワークを色々なところで実践しています．

● 京都大学サマーデザインスクール

京都大学が 2011 年から実施しているサマーデザインスクールは，3 日間のデザインワークの集合体です．これまでに，のべにして 1700 名以上の方が参加して下さいました．2016 年には，テーマ数は 40 弱，参加者は実

3 「不便益」をデザインする，形にするのは面白い！

施者と受講者合わせて 350 名ほどの規模になっています．各テーマの受講生は 6 人ぐらいです．不便益デザインも，2012 年から毎年テーマの一つを出しています．

2012 年には，「目盛りが素数しかないものさし」をはじめ，五七五ツイッター，1 分で消えるツイッターなどのアイデアが出ました．

2013 年のアイデアの一つはラグメールと名付けました．通常のメールは即座に届くので便利なのですが，ラグメールは届くまでにタイムラグがあります．ラグは，数分から 10 年先まで 9 段階で設定できます．送信してから 10 年先のどの時点で届くかわからないというメールには，通常のメールとは違う価値がありそうです．

2015 年には京都駅をターゲットにしたテーマとし，京都のお土産は便利すぎるので不便にしよう，というアイデアが出ました．このアイデアは，形を変えて『ほんものの京みやげ』という書籍になっています．

スクールの受講生は，アイデアを出し，互いに磨き合ってデザイン案にまで昇華させるプロセスを，苦しみながらも楽しみます．受講生の半分ぐらいは京都大学の学生なので，後日，キャンパスですれ違うことがあります．その時に聞いた話なのですが，受講後の日々の生活で「この不便に，益はあるかな？」とついつい考えてしまっている自分に気づくそうです．

🌸 FBL/PBL

京都大学が2013年からデザイン学大学院連携プログラムを始めました．これは，5つの専門領域(情報学，機械工学，建築学，経営学，心理学)のいずれかを専攻する大学院生が，副専攻として履修できるプログラムです．このプログラムの演習科目にFBL/PBL(Field-Based Learning/Problem-Based Learning)があり，デザイン学に参画する先生方からいくつかのテーマが出され，学生はそのうちの一つを選んで履修します．

不便益のテーマも2014年から毎年出しています．今までのテーマは，不便の効用を活用する日用品のデザイン，不便の効用を活用する文具のプロトタイピング，不便益を持つコトのデザイン，不便を活かす都市のデザイン，京都不便益ツアーの実装，不便益な工業デザイン，でした．

この演習から，「左折オンリーツアー」などが生まれています．また，日本インダストリアルデザイナー協会(JIDA)関西ブロックの学生コンペにも応募して，最優秀賞を獲得した学生もいます．このように不便益は，大学でのデザイン教育にも使える考え方でもあり，社会でデザイナーとして活躍する人たちも気にする考え方です．

3 「不便益」をデザインする，形にするのは面白い！

🌸 JIDA の学生コンペ

日本インダストリアルデザイナー協会関西ブロックは毎年学生コンペを開催しています．2017年には不便益に注目していただき，コンペのテーマは「不便益なデザイン〜プロセスを楽しむプロダクト〜」でした．関西ブロックが主宰するコンペでしたが，応募はどこからでも自由で，北海道教育大学や北陸先端科学技術大学院大学など，デザイン系以外の大学からも応募がありました．

応募作49件の中から最優秀賞に選ばれたのは「おそうじカレンダー」でした．これは，掃除をしないと日にちがわからない日めくりカレンダーです．掃除に使う真っ白なコロコロに，部分的に糊(のり)がついていないところがあって，掃除をするとその部分だけ汚れがつかず，その日の数字がブワーっと浮き上がる仕組みです．毎日1回コロコロ，次の日は新しい面で掃除，1日1回を怠ると日にちがずれてしまうという不便なカレンダーです．スマホで「今日何日だっけ」と確認しても，すぐ忘れてしまうものですが，手を動かしてやっとゲットできた数字は，頭に残るだろうというアイデアです．

ほかにも，優秀賞のアイデアをちょっとアレンジして，「どちらが有効かがランダムに替わる2つの鍵穴付きドア」というものを考えてみました．私たちは，ドア

の鍵を閉めたか忘れてしまうことがあります．そこで，鍵穴を2つ用意して，どちらが有効かがランダムに替わるようにするのです．間違ったほうを回すとスカッと空回りするのでもう一方の鍵穴に挿し直(なお)さねばなりません．正解した時は，ちょっとだけホッとします．今日は一発でできてホッとしたとか二度手間だったのでムッとしたという記憶とともに，結果として鍵をかけたことが印象づけられるという仕掛けです．

　ほかの応募作品も，ほとんどが，手間をかけたり頭を使うことによって，工夫の余地が高まり，自己肯定感が醸成(じょうせい)され，発見のチャンスや出会いのチャンスが増え，価値やモチベーションを上げるものでした．あるいは，緩やかな制約によって創造性を高めたり，劣化させる(かすれる)ことによって自分ゴトにするという，本書の2章(5)のいずれかの項目に分類できるものでした．

🌀 共生システム論研究室

　不便益という言葉が前世紀末に生まれたのは，共生システム論という名の研究室でした．そこは，機械系出身のスタッフで構成され，学部学生も機械工学科に所属していました．ただ，この研究室が目指していたのは，機械側単体の効率化や高機能化ではなく，機械と人と環境が共生することでした．そこから不便益という考えが生

3 「不便益」をデザインする,形にするのは面白い！

まれたのは,不思議なことではありません.

当時から,不便益を実現する新しいシステムを考え出すことは,不便益という考えを固めたり,不便益関係の新しい研究テーマを探すのに,もってこいの活動でした.そこで考え出されたシステムはたくさんありますが,その中の一つに,アンドロイドアプリとして実装した「不便ぇキー」があります.

アンドロイド端末のロックを解除するのに,9つの円をなぞる方法があります.ただ,登録したなぞり方というのは有限の解空間の中の1点でしかなく,それを記憶するというのは便利すぎます.これを不便にしてやろうと,解空間を無限にしてみました.ジェスチャーをロック解除のキーにしたのです.ジェスチャーは無限にあります.スマホに内装された加速度センサーとジャイロセンサーを使って,ジェスチャー登録機能を実装しました.登録したジェスチャーとほぼ同じ動きをしないと,スマホのロックは解除されません.

これは,不便なアプリでした.というのも,ロック解除がほぼ不可能だったのです.ところが,このシステムを開発した学生が卓球部であり,試しにいつもの卓球の素振りを登録してみると,百発百中でロック解除できるようになりました.もしやと思って,私も高校生の頃までやっていた剣道の「コテメン」の動きを登録したとこ

ろ，私も百発百中になりました．四半世紀前でも，体に染み付いた動きというのは再生できるようです．

　不便益の一つに「私だけ感」があります．この，私だけにしか再現できないジェスチャーでロック解除するスマホには，私だけ感が満載です．

　アイデアの例をもう一つ挙げるとすると，「曲線電子レンジ」があります．普通の電子レンジのインタフェースは便利に作られています．我が家のレンジには「あたため1分」ボタンがあります．私は，どんな料理でも温めようと思えば，迷わずそのボタンを押します．そうしますと，ほぼ間違いなく温かくなった食べ物が出てきます．結果として，私はそのレンジを使って何か新しい食べ方や調理法を考えようという気になったことはありません．

　これでは便利すぎるということで，インタフェースが大型のタッチパネルになっており，横軸が時間，縦軸が出力に対応する曲線を描くレンジが発想されました．このレンジは，いつも「あたため1分」ボタンで済ませていた私にとっては不便です．何かを温めようとするたびに，曲線を引くという手間が強いられます．毎日同じものを温めるなら，同じような曲線を引かねばならぬのです．

　ただ，ある日，いつもと違う曲線になってしまったけ

3 「不便益」をデザインする,形にするのは面白い！

ど,まぁいいや,これで,とスタートボタンを押すと,とてつもなく美味しく仕上がる,という可能性があります.マイベスト曲線が見つかるかもしれません.

不便なものは発見を許すという性質を持っています.これは,「あたため1分」ボタンでは絶対に実現できません.「あたため1分」ボタンには工夫の余地がないのです.ちょっと斜めに押すという工夫をしてみても,おそらく何も変わらないでしょう.

エピローグ
便利って何？

エピローグ　便利って何？

(1)　「便利」とはなんでしょう

今さらですが,「便利」とはなんでしょうか？　ここまで,なんの断りもなく「便利」とか「不便」という言葉を使ってきましたが,使い方にちょっと違和感を感じられた人もいたと思います.辞書によると「便利」とは「都合のよいこと.うまく役立つこと」(『広辞苑』第七版)とのことです.ここまで本書で使ってきた「便利」は,この定義から少しズラしています.それは,次のような理由からです.

考え方を共有するためには,客観的なモノサシがあると都合が良いです.そこで,まだテキストマイニング(大量のテキストデータから役に立つ情報を取り出すこと)だのウェブマイニング(ウェブ上にある情報から役に立つ情報を取り出すこと)だのをする便利な道具が世に出る前のこと,不便な手作業で「便利とは」という文字列を含むウェブページを検索して,どのような意味で使われているかを調べました.できることなら,客観的なモノサシが見つかることを祈って.

調べてみると,時間がかからないこと,手順が少ないことなど,多くの人が好き勝手に定義していました.「選択肢の数が適当なこと」など,特殊なケースもあり,

その時には「結局，こういうことでしょ」という感じで抽象化しました．

　検索した上位100頁ぐらいでは，ひっくるめると「便利」という言葉は以下の意味で使われていました．

　「何かのタスクを達成する時に労力が少ないこと」

　そして，この時の労力は「手間がかかることか，頭を使わねばならぬこと」でした．

　「タスクを達成する」は，辞書による定義には含まれませんが，「目的を果たす」ことが意識されねば，便利も不便もないでしょう．「少ない」と言っているからには，比較の問題だということを暗に示しています．「便利」や「不便」と言う場合は，何か比較対象が必要なようです．これで，客観的な便利のモノサシを手に入れました．「どちらのほうが手間がかかっているでしょうか」とか「どちらのほうが頭を悩ますでしょうか」と問えば，みんなが同じ答えを出してくれます．つまり客観的です．

　本書ではここまで，この客観的なモノサシで「便利」や「不便」と言っていました．ところが本来は，「便利」や「不便」と「感じる」ことは主観のはずです．「どちらのほうが便利でしょうか」と問えば，人によって答えは違うはずです．ですから，それを客観的に定めようとするのは無理があったのです．

エピローグ　便利って何？

　スポーツやゲームは，ルールに縛られずに好き勝手に動き回っている時と比べれば，手間もかかるし頭も使います．しかし，これを「不便」と言うかと問われると，違和感があります．「不便」と言う時にはネガティブな感情がまとわりつかねばならぬかもしれません．

　ただ，調べた約100のウェブページは，この奇怪な客観的定義で説明できてしまうような「便利」という言葉の使い方をするものがほとんどでした．そして，特に製品の宣伝をするページでは「便利＝豊か」という文脈で語られていました．

　本書で「不便益」と言う時は，「この奇怪な客観的便利を追求していれば豊かなのか？」を問うているのです．

(2)　もし世界が便利だらけだったら

　先ほどの奇怪な客観的便利を追求した先の世界を，想像してみます．そんなことはあり得ないとは思いながらも，過去にさかのぼると色々と参考になることがあります．古代ローマでは飽食が過ぎて，苦痛なく胃袋の中身を嘔吐できる薬が開発されたと聞きます．簡単便利に食料が手に入る社会では，肥満が社会問題になったり，減量するためにお金をかけることさえあります．

車も，便利な完全自動運転が実現されると，人が運転するという手間も運転で頭を使うこともなくなります．車は個人で所有する必要はなく，乗りたい時には近くにいる空車が自動運転で配車されるでしょう．ひょっとすると，自分で車を運転するなど金持ちの道楽になる未来が来るかもしれません．「あいつんとこの車はハンドルがついているらしいぜ，すげー金持ち」という未来です．それどころか，マイカーを持つことなど，自家用セスナを持つようなものになるかもしれません．

　先日，家庭電化製品の開発者と，同じような話をしました．近い将来，料理も自動化される時代が来るかもしれません．または，ケータリングが標準の世の中になると，料理や後片付けに手間をかける必要もなくなります．そうすると，「あいつん家にはキッチンっていう，自分で料理できるファシリティ（施設・設備）がついているらしい，すげー金持ち」ということになるのでしょう．料理が道楽になったら，なんかちょっと嫌です．おふくろの味とかおやじの味とか，「えー，あれって我が家伝来のナゾ料理だったのかー」という親元を離れて一人暮らしを始めたばかりの頃のアルアルも，消滅してしまいそうです．

　前にも触れましたが，「WALL・E」という映画で描かれた未来社会も，もし世界が便利なものだらけだった

ら，という想像の産物です．生きてゆくのに何もする必要がないのです．車が道楽というより，もはやどこかに移動する必要などありません．料理が道楽というより，もはや自分で作る必要はありません．そうなると，古代ローマ人のように享楽を求めるだけになるかもしれません．ただ，食べては吐くを繰り返すのも手間ですよね．もっと便利に，常に愉快な気になるように脳を直接刺激する方法が開発されることでしょう．

　奇怪な客観的便利を追求した先を想像してみた結果，こちらから世界に向けてつながりに行く必要のない世界になりました．

（3）　不便益という選択肢が必要な社会

● デジタルデトックス

　デジタルデトックスという言葉があります．デトックスとは，体内に溜まった毒物を排出することです．それにデジタルを組み合わせることで，IT依存症を軽減させるために，しばらくデジタルデバイスを使わないでいることを意味します．

　2016年2月25日の朝日新聞のコラム「天声人語」に，スマホ・携帯電話・インターネットを使わずに1週間過ごした同僚の若手記者の体験記を読んで考えたこと

や意見が書かれていました．若手記者がデジタルデトックスに挑戦した理由は，「便利な半面，いつも縛られていると感じるので思い立った」とのこと．不便益の逆の便利害を体で感じたのだと，私は解釈しました．

　結局，解放感を味わうどころか，逆にイライラが募ったそうです．外出先から会社に定時連絡をしたくても公衆電話が見つからないなど，仕事にも支障をきたす．その新聞のコラムは，IT依存症を発病しているのは個人だけではなく社会もではないかと結論していました．個人がデトックスしたくても社会がそれを許してくれないようです．

🔴 ニュージーランドから帰ってみると

　先日，フラっと私のオフィスに，昨年ニュージーランドから帰国したばかりという先生が訪ねてきました．遺伝子関係の最先端の研究をしている先生です．

　ニュージーランドでの生活は不便だったそうです．お店がない，あっても17時に閉まる，基本的に（近年にできたモールっぽいところ以外は）日曜日は開いていないという状況です．そこで，できるだけ自分でやろうと決めて，畑を借りて野菜を作り，奥さんは羊の毛を紡ぐところから始めて編み物をする，という生活をスタートしたとのことです．表面的には，不便な生活に見えま

エピローグ　便利って何？

す．ところが帰国したら，日本の便利さが逆に生きづらいと感じるようになっていたそうです．どうやらニュージーランドでの不便な生活を，知らず知らずにエンジョイしていたようです．

あちこちにあるコンビニ・自動販売機・夜遅くまで開いているお店に違和感があり，生きづらいと感じる．その理由を二人で考えてみたところ，便利が前提になっている社会は個人が不便益を得ることを許してくれないからではないかと結論しました．

いつでも簡単にお金さえ出せば手に入るモノではないから，自分で作った野菜やセーターが出来上がった時は，嬉しい．しかし，すぐそこのお店でいつでも買えるモノをわざわざ手作りするのは，手に入れた時の嬉しさも半減するわけです．育てるとか紡ぐとかのプロセスを経るチャンスも少なくなる．流通とかコンビニ経営とか，裏では様々なプロセスが走っているのでしょうが，それが見えない．表面的に「対価を払えばモノが手に入る」という約束事しか見えなくて，自然やモノの理(ことわり)に立脚したプロセスがはっきりしない．

ニュージーランドで生活する前には，そういう社会を生きづらいと感じることはなかったそうです．ところがニュージーランドで，不便益を知ってしまった．しかし帰国すると，不便益を得るという選択肢がなかったとい

うことです.

(4) 不便益をなぜ研究するのか

● 価値工学で不便の益を得るための便利

価値工学(Value Engineering)という研究分野があります.「定量化できない価値」などと言っている不便益と,「価値=機能／コスト」とカチッと言っている価値工学とは,相容れないような気がします.ところが,日本バリューエンジニアリング協会に,不便益の研究会が立ち上がりました.

もともと価値工学が追求する価値は,使用価値と呼ばれるもので,先の定義に従えば,モノの価値を上げるには,機能を上げるかコストを下げればよいのです.価値工学では,そのための様々なテクニックが開発されています.どうやら価値工学は,単線的に便利だけを追求する学問に思えます.ところが,研究会のメンバーに山登りの好きな人がいて,不便益の話がぴったり合いました.「不便の益を得るための便利」という,何を言っているのかよくわからない結論に至ったのですが,山登りにたとえると,以下のようになります.

頂上に着くことが目的なら,単線的な便利追求の場合,ヘリコプターで運んでもらえばよいのです.でもそ

エピローグ　便利って何？

れでは，山登りの好きな人にとっては興ざめです．本当の目的は，山を登るプロセスを楽しみ，頂上に達した達成感を得ることのはずです．そのためには，自分の足で歩くという（ヘリコプターと比べれば）不便が不可欠です．つまり，プロセスを楽しみ達成感を得ることは「不便なくしては得られない効用」です．

　ただ，装備なくしての山登りは危険です．山登りで不便の益（達成感）を得るためには，「信頼できる装備」という便利が必要です．そして価値工学は，装備の機能を高めコストを抑えるという仕事で，不便益と協働することができるのです．

　このたとえを一般化すると，色々な事例が思い起こされます．自動車の変速機は，オートマのほうがマニュアルよりも楽チン（便利）です．でも，欧州では新車販売台数はマニュアル車のほうが多いそうです．今や燃費や価格にさほど差がなく，場合によってはオートマのほうが燃費が良かったり価格が低かったりするのに，あえて不便なマニュアルが選ばれます．

　前にも触れましたが，マニュアル車のほうが，不便だけれどそれゆえに自分でコントロールできる面白さがあるのでしょう．そんなマニュアル車に乗っているカッコ良さが受けるのか，彼女に振られた理由が「オートマ車に乗っているから」という小話がどの国でも通じるそう

です．

　多くの人がマニュアル車に不便益を感じているのでしょう．ただ，そのためには便利が必要です．クラッチの状態がイメージしやすいクラッチペダルや，シフトノブを動かすとカチッと爽快に，しかも確実にギアが入れ替わるギア系という便利が必要なのです．

　不便益は「何を」作るべきかを考え，価値工学はそれを「いかに」実現すべきかを与えてくれます．

🌸 不便益デザインのためのメソッド

　価値工学は，物事の価値を上げるための様々なメソッドを提供してくれます．不便益の研究会でも，いくつかの不便益デザインのためのメソッドを開発中です．そのうちの一つが，以下のテンプレートです．

便利益から不便益　○○は××のために便利である．そこで，それに関して△△という不便さ(手間)を加えた◎◎は，□□という新たな価値を持つ．

不便害から不便益　○○は××のために不便である．そこで，それに関して△△という新たな使い方・制約・機能・社会的意義を加えた◎◎は，□□という新たな価値を持つ．

エピローグ　便利って何?

　研究会では,不便益デザインの実践が何度か試みられました.しかし,もともとは使用価値を向上させるために機能を高めたりコストを下げたりするための研究分野です.研究会のメンバーは,ついつい「便利にする方向」に思考する癖がついています.ですから,不便益デザインをしているつもりが,いつの間にやら最後には便利なモノがデザインされてしまいます.これを防ぐため,メンバーの一人がテンプレートを考えつきました.アイデアが出れば,それがテンプレートのどれに当てはまるかを確認するのです.

　不便益の考え方では,「便利／不便」と「益／害」は独立していて,これらを軸として張られる二次元平面には,「便利益,不便益,便利害,不便害」の4象限ができます(図2.3を思い出して下さい).テンプレートは,この象限を移すことに対応します.

　一つめのテンプレートは,「便利益」から「不便益」に移します.便利で益もある,何も問題がないデザイン対象を,まずエイヤっと不便にしてみて,そこに新たな価値を見出す思考法です.

　二つめのテンプレートは,「不便害」から「不便益」に移します.不便で害があるという最悪のデザイン対象を,使い方・制約・機能・社会的意義を変えてみて,そこに新たな価値を見出す思考法です.

● 関係性と多様性の回復

　不便益を研究することは，様々な大きさのスコープで関係性と多様性を回復させる試みであるという側面があります．

　たとえばプロダクトデザイン．水道の蛇口をデザインする場合を考えてみます．赤い印のついたハンドルと青い印のついたハンドルがあって，赤いハンドルを回すと回した角度に応じた量のお湯が出て，青いハンドルを回すと同様に水が出る，というデザインがあります．

　一方で，温度を決めるハンドルと水量を決めるハンドルがついているデザインもあります．このデザインでは，蛇口の中で自動制御でお湯と水が混ぜられ，指示通りの湯温と湯量が得られるのでしょう．しかし，その理屈が使う人にはブラックボックスです．これを，インタフェースが人と物理との関係を断絶していると考えます．

　不便益デザインとしては，前者を推します．望む温度と量のお湯にするためには調節に手間がかかろうとも，赤い印のついたハンドルを捻ればお湯が出て，青い印のついたハンドルを捻れば冷たい水が出ることが，モノの理(ことわり)としてわかることを重視します．捻る角度と出てくるお湯の温度や量の関係が，大切にされているデザイン

エピローグ　便利って何？

です．

「関係」といえば1章で，「人と自然との関わりは断絶だけではない」と言いました．そこでは，「関係」を学問する生態学(エコロジー)の名を冠するエコ住宅が高断熱で高気密なのは，人と自然環境の関係は「断絶」だと言ってるようなものだ，と皮肉ってみました．このような関係は，便利追求の結果として形成されたものに思えます．

多様性を受け入れて個別的に考えねばならないという不便をいやがり，いつでもどこでも誰でも同じであるという便利な方法として，エネルギーを消費しながらの空調があります．たいていのエアコンは，電気やガスのエネルギーを使います．これが大前提だから，高断熱・高気密という断絶が求められるのでしょう．「断絶」という関係から人と自然との良き関係を回復させるキーワードとして，不便益を考えることはできないでしょうか．

ずいぶんと大きな風呂敷を広げてしまいましたが，もう少しスコープを小さくしてみると，エコロジカルインタフェースデザイン(EID)という考えがあります．エコロジカルですから生態学的です．ただし，人と自然環境との関係という大掛かりなものではなく，人と人工物とを関係させるインタフェースのデザインに焦点が当てられます．そこでも，人の操作と人工物の状態遷移との関

係が，とても大切に扱われます．

　たとえば，お風呂に入ってみたら，かなりぬるいという状態を想定してください．湯から出ると風邪をひきそうです．追い焚き機能はついていません．もったいないですが，ぬるいお湯を下から捨てながら熱いお湯を上から足しましょう．次の図に示すように，この湯船は優れもので，お湯を捨てるスピードが調節できる蛇口があります．

　お湯の量は現状をほぼキープで，排水しながら給湯したいのです．そのためには，給湯速度と排水速度を同じにすればよいのですが，実は排水蛇口のハンドルを一定にしていても，水頭圧の関係で，湯船の中の湯量によって排水速度が変わってしまいます．

　こんな時，図に示す EID を考えることができます．上に足し湯をするためのお湯が蛇口を通る給湯速度，下に捨てるお湯が蛇口を通る排水速度を表示します．そうすると，その二つを結ぶ斜めの線が傾くほど，湯船の湯量が変化するスピードが上がるという関係が成立します．そうすると，お湯の蛇口を捻って給湯速度を変化させると，斜めの線の傾きも変わり，それに引っ張られるかたちで排水速度が変わり，目的値に近づいたり遠ざかったりするのが，アニメーションのように見えます．

　このような，色々な量の間の「関係」をパッと見てわ

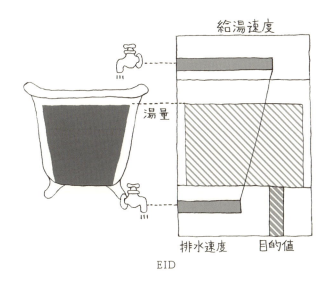

EID

かるようにするのが EID です．一見すると便利なように見えますが，それこそ価値工学のところでのお話と同じです．あくまで，手間をかけ頭を使いながらお湯の量と温度を同時に調節することが前提です．EID は，そのための「便利」です．根底には，自動化機械を指向するのではなく，人の手間を前提に，それの価値を（益を）享受することが指向されています．

同じくエコを冠している考え方の一つに，エコロジカルデザインがあります．EID と同様に，「関係」を重視したデザイン手法です．ただし，EID がインタフェー

スをデザイン対象にしているのに対して，エコロジカルデザインは人とモノとの関係に限定せず，建物や景観などを対象として，自然環境との関係までが考慮に入れられます．

そこでは5つのデザイン原則が提案されています．その中には「答えは場所にある」「自然の仕組みに沿う」「自然を際立たせる」などがあります．これらは「断絶」という関係とは真逆を指向します．たとえば，熱帯地方の家屋でも高台にあるという地形を活かして風向きに沿って両面の壁に窓を設け，空気の通り道を作って涼しくする，というデザインです．自然環境との関係が重視され，そして個々の案件の個性，つまり全体的な多様性が大切にされています．

不便益を研究するワケ

本節の最初で価値工学との関係を考えた時には，不便益は「いかに作るか」ではなく「何を作るか」を考えるものだと書きました．そのために，不便益を研究する必要があります．もう少し正確に書くと，新しいモノを考え出したり新しいコトを編み出したりする時に依って立つ指針の一つを提供するために，不便益を考える必要があります．

従来，その指針としては使用価値を上げることか貴重

エピローグ　便利って何？

価値を上げることが無意識的に採用されています．より早く，より軽く，より安全に，などの価値は，モノゴトを使用する時に感じる価値，つまり使用価値と呼ばれます．一方，より美しく，よりかわいく，など，ユーザーがそのモノ自体を所有することによって得られる満足感で判断される価値もあります．これは，貴重価値とか魅力価値と呼ばれます．

効率化や高機能化は，使用価値を高めます．いわゆる「便利を追求することを是とする」常識は，使用価値を高めてさえいれば良いという思い込みでした．ところが，「効率だけを求めていてはダメだ」と言われるようになっています．

効率化や自動化を最優先してまっしぐらに進むと「まずいぞ」と感じます．それならば，使用価値向上に代わる指針が必要です．それは，貴重価値向上でしょうか？

確かに，機能は低くてもキレイであったりかわいかったりすれば，人を引きつけることはあります．ただ，これら以外の価値はないのでしょうか？

あるはずです．今まで見てきたように，ライン生産方式に対してセル生産方式が持つ価値は，人のモチベーションとスキルを相乗効果的に向上させるものでした．これは，使用価値でも貴重価値でもありません．平らな園庭に対してデコボコな園庭が持つ価値は，園児を活き活

きとさせることでした．これも，使用価値でも貴重価値でもありません．不便益という視座は，第三の価値を探求する時に必要になっています．

● 不便益を研究するもう一つのワケ

本節では，「不便益は関係性と多様性を回復させる試み」と書きました．そのためにも，不便益を研究する必要があります．

実は，モノゴトを考え出す指針を探るというのは表向きの研究目的です．同時に裏では，今まで見過ごされてきた，あるいは些細なものとして看過されてきた価値を再評価する視座に不便益を据えることも目論んでいます．そしてそれらの価値は，安易な便利追求で失われてゆくであろう関係性と多様性を回復させるはずです．

便利な自動湯温調節によって遮断された「人と物理の関係」に価値を置く視座，エコロジカルインタフェースデザインにおいて「人の操作と人工物の状態遷移との関係」を大切にする視座，エコロジカルデザインで「人工物と自然環境との関係」を考慮に入れる視座，を例に挙げました．これらの視座は，もし安易な便利追求を是とする風潮が今後も続いて社会が断絶だらけになろうとしたら，いち早く「気持ち悪さ」を感じさせてくれるでしょう．

おわりに

　世の中は色々なモノとコトがネットワーク状に関連しています．それは複雑であり，単純化して考えることができるのはごく一部の範囲であるというのは，みんなが直感するところでしょう．実際に私も，そうだと思います．

　ここまで何度か登場していただいたエコ住宅に，悪気はないのですが，わかりやすいのでもう一度登場してもらいます．

　家の中の暖房や冷房が家の外に逃げ出さないほうが，空調には効率的ですし，省エネになりますから，高断熱と高気密はエコなような気がします．ただ，これは関係ネットワークのせまく単純化できるところだけを抜き出して見ています．

　快適であるためには，温度だけでなく湿度も考慮に入れなければなりませんでした．また，壁材から揮発（きはつ）する有機化合物が家の中に充満して体に悪いという問題も起こりました．結局，加湿器や除湿機，空気清浄機が家の中に持ち込まれ，エネルギーを消費しています．

　これらの事象も関係ネットワークに含めて考えると，私たちは何を作ったらよいかが見えてきます．関係ネッ

トワークをせまく切り出して単純化し，そこでの便利を追求するのではなく，関係ネットワークを広く見渡すというロードをかけるからこそ，見えてくるものがあります．

たとえば，エネルギー消費を前提としない温度と湿度のコントロールに注目して，お手本を探し回るのも面白いです．気化熱を利用するアフリカやインドの冷蔵庫，厚い土壁で覆われた日本の土蔵，巨大なアフリカのシロアリの巣などはみんな，電気エネルギー不要です．

新しいモノを考え出したり新しいコトを編み出してみたいと思う人には，不便益を考えることをお勧めします．何を考え出すのか，何を編み出すのかを考えるヒントになるからです．せまい範囲で安直に便利を追求するのではなく，そこでは不便になるかもしれないが，もっと広いネットワークで見た時に益があるようにするのです．たとえば，効率的なエアコンを作るのではなく，快適な空間を作るにはどうすればよいか，と考えるように．

新しいモノゴトを生み出す予定のない人にも，不便益はお勧めです．常識を疑えとはよく言われることですが，疑って楽しい常識はどれなのか，自分ではわかりませんよね．一つ一つ疑ってゆけば，いつかは楽しいものが見つかるかもしれませんが，自分が疑い深い人間にな

おわりに

ってしまいそうで，楽しそうではありません．

そこで一つ，本書では「なんでも便利なほうがいいに決まってる」と言う時の「決まってる」を疑うと楽しいということをお知らせしました．そして，今まで常識だと思っていた「不便＝悪いコト」とは異なるモノゴトの見方を示しました．新しい見方を身につけたということは，同じモノゴトでも多様に解釈できるということです．つまり，モノゴトの見方に幅が出て，新しい気づきが生まれるかもしれません．

不便益デザインワークショップに参加した学生は，その後いつも「この不便に益はあるや？」と考えるようになったそうです．「不便だ，メンドくさ！」と安直に思考停止させてしまうより，面白いと思いませんか．そして考える先に，また何か新しい展開が待っているかもしれません．

とにかく最短でゴールに一目散という効率重視もいいかもしれませんが，回り道や障壁にぶつかって周りを見渡して初めてわかることも，あります．京都のような碁盤目状の街路だと，自分が歩いている筋に平行に走る隣の筋に面白いものがあったとしても，それに気づくこともできません．時間があれば，ちょっと回り道をしてみるのも楽しいですよ．

「不便益を深く知るために役立つ本」を参考文献として

不便益——手間をかけるシステムのデザイン
　川上浩司(編著)，近代科学社(2017)
ウェブ上の仮想研究所である不便益システム研究所のメンバーが分担執筆した不便益研究の報告集．執筆者たちは，科学研究費助成金を受けた不便益研究のメンバーでもあります．研究報告ということでやや堅苦しく書かれた論文調の文章と，柔らかな読みやすい文章とが入り混じり，両方が楽しめます．

ごめんなさい，もしあなたがちょっとでも行き詰まりを感じているなら，不便をとり入れてみてはどうですか？～不便益という発想
　川上浩司，しごとのわ，インプレス＆ミシマ社(2017)
2016年までに「勝手に不便益認定」したものや不便益システムとしてデザインした事例が豊富に掲載．不便益という考え方を平易な文章で紹介しています．

不便から生まれるデザイン——工学に活かす常識を超えた発想
　川上浩司，DOJIN選書42，化学同人(2011)
不便益をベースにしてシステムデザイン論を構築する試みが記されています．難解な文章が続きますが，読み返すた

びに新たな気づきが得られ，思索のタネとなります．

弱いロボット
　岡田美智男，医学書院(2012)
人とロボットの関係を考えている研究者で，不便益と通じる考えを持っている人がいます．人との協働がなければタスクを達成し得ない，あえて不便なロボットがデザインされました．たとえばゴミ箱ロボットは，ゴミを見つけても自分では拾わず，ゴミの周りをうろうろして，周りの人が拾ってくれるのを誘います．

たのしい不便——大量消費社会を超える
　福岡賢正，南方新社(2000)
日々の生活に不便を導入するといかなる益が得られるかの報告書．不便益という言葉は使われていませんが，車をやめて自転車で長距離を通勤する，口にする野菜や果物は旬のものに限る，田畑を耕して食料を自前で調達する，などの実践が報告されています．

川上浩司

1964年生まれ．京都大学工学部卒業，同大学院工学研究科修士課程修了．岡山大学工学部情報工学科助手，京都大学情報学研究科助教授(後に准教授)，同大学デザイン学リーディング大学院(後に情報学研究科)特定教授を経て，京都先端科学大学教授．博士(工学)．著書に『不便から生まれるデザイン』(化学同人，2011年)，『ごめんなさい，もしあなたがちょっとでも行き詰まりを感じているなら，不便をとり入れてみてはどうですか？〜不便益という発想』(インプレス/ミシマ社，17年)などがある．

不便益のススメ
――新しいデザインを求めて 岩波ジュニア新書 891

2019年2月20日　第1刷発行
2025年5月15日　第7刷発行

著　者　川上浩司(かわかみひろし)

発行者　坂本政謙

発行所　株式会社 岩波書店
〒101-8002 東京都千代田区一ツ橋2-5-5

案内 03-5210-4000　営業部 03-5210-4111
ジュニア新書編集部 03-5210-4065
https://www.iwanami.co.jp/

印刷製本・法令印刷　カバー・精興社

© Hiroshi Kawakami 2019
ISBN 978-4-00-500891-9　Printed in Japan

岩波ジュニア新書の発足に際して

　きみたち若い世代は人生の出発点に立っています。きみたちの未来は大きな可能性に満ち、陽春の日のようにひかり輝いています。勉学に体力づくりに、明るくはつらつとした日々を送っていることでしょう。

　しかしながら、現代の社会は、また、さまざまな矛盾をはらんでいます。営々として築かれた人類の歴史のなかで、幾千億の先達たちの英知と努力によって、未知が究明され、人類の進歩がもたらされ、大きく文化として蓄積されてきました。にもかかわらず現代は、核戦争による人類絶滅の危機、環境の破壊、エネルギーや食糧問題の不安等々、来るべき二十一世紀を前にして、解決を迫られているたくさんの大きな課題がひしめいています。現実の世界はきわめて厳しく、人類の平和と発展のためには、きみたちの新しい英知と真摯（しんし）な努力が切実に必要とされています。

　きみたちの前途には、こうした人類の明日の運命が託されています。ですから、たとえば現在の学校で生じているささいな「学力」の差、あるいは家庭環境などによる条件の違いにとらわれて、自分の将来を見限ったりはしないでほしいと思います。個々人の能力とか才能は、いつどこで開花するか計り知れないものがありますし、努力と鍛錬の積み重ねの上にこそ切り開かれるものですから、簡単に可能性を放棄したり、容易に「現実」と妥協したりすることのないようにと願っています。

　わたしたちは、これから人生を歩むきみたちが、生きることのほんとうの意味を問い、大きく明日をひらくことを心から期待して、ここに新たに岩波ジュニア新書を創刊します。現実に立ち向かうために必要とする知性、豊かな感性と想像力を、きみたちが自らのなかに育てるのに役立ててもらえるよう、すぐれた執筆者による適切な話題を、豊富な写真や挿絵とともに書き下ろしで提供します。若い世代の良き話し相手として、このシリーズを注目してください。わたしたちもまた、きみたちの明日に刮目（かつもく）しています。（一九七九年六月）

岩波ジュニア新書

991 データリテラシー入門 ―日本の課題を読み解くスキル 友原章典

地球環境や少子高齢化、女性の社会進出など社会の様々な課題を考えるためのデータ分析のスキルをわかりやすく解説します。

992 スポーツを支える仕事 元永知宏

スポーツ通訳、スポーツドクター、選手代理人、チーム広報など、様々な分野でスポーツを支えている仕事を紹介します。

993 おとぎ話はなぜ残酷でハッピーエンドなのか ウェルズ恵子

異世界の恋人、「話すな」の掟、開けてはいけない部屋――現代に生き続けるおとぎ話は、私たちに何を語るのでしょう。

994 歴史的に考えること ―過去と対話し、未来をつくる 宇田川幸大

なぜ歴史的に考える力が必要なのか。近現代日本の歩みをたどって今との連関を検証し、よりよい未来をつくる意義を提起する。

995 ガチャコン電車血風録 ―地方ローカル鉄道再生の物語 土井 勉

地域の人々の「生活の足」を守るにはどうすればよいのか？ 近江鉄道の事例をもとに地方ローカル鉄道の未来を考える。

996 自分ゴトとして考える難民問題 ―SDGs時代の向き合い方 日下部尚徳

「なぜ、自分の国に住めないの？」彼らが国を出た理由、キャンプでの生活等を丁寧に解説。自分ゴトにする方法が見えてくる。

(2025.2)

岩波ジュニア新書

985 迷いのない人生なんて
——名もなき人の歩んだ道
共同通信社編

共同通信の連載「迷い道」を書籍化。家族との葛藤、仕事の失敗、病気の苦悩……。市井の人々の様々な回り道の人生を描く。

986 ムクウェゲ医師、平和への闘い
——「女性にとって世界最悪の場所」と私たち
立山芽以子
華井和代
八木亜紀子

アフリカ・コンゴの悲劇が私たちのスマホに繋がっている? ノーベル平和賞受賞医師の闘いと紛争鉱物問題を知り、考えよう。

987 フレーフレー! 就活高校生
——高卒で働くことを考える
中島 隆

就職を希望する高校生たちが自分にあった職場を選んで働けるよう、いまの時代に高卒で働くことを様々な観点から考える。

988 野生生物は「やさしさ」だけで守れるか?
——命と向きあう現場から
朝日新聞取材チーム

多様な生物がいる豊かな自然環境を保つために、時にはつらい選択をすることも。悩みながら命と向きあう現場を取材する。

989 〈弱いロボット〉から考える
——人・社会・生きること
岡田美智男

弱さを補いあい、相手の強さを引き出す〈弱いロボット〉は、なぜ必要とされるのか。生きることや社会の在り方と共に考えます。

990 ゼロからの著作権
——学校・社会・SNSの情報ルール
宮武久佳

情報社会において誰もが知っておくべき著作権。基本的な考え方に加え、学校と社会でのルールの違いを丁寧に解説します。

(2024.9)

― 岩波ジュニア新書 ―

979 **10代のうちに考えておきたい ジェンダーの話**　堀内かおる

10代が直面するジェンダーの問題を、未来に向けて具体例から考察。自分ゴトとして考えた先に、多様性を認め合う社会がある。

980 **食べものから学ぶ現代社会**
――私たちを動かす資本主義のカラクリ　平賀 緑

食べものから、現代社会のグローバル化、巨大企業、金融化、技術革新を読み解く。『食べものから学ぶ世界史』第2弾。

981 **原発事故、ひとりひとりの記憶**
――3・11から今に続くこと　吉田千亜

3・11以来、福島と東京を往復し、人々の声に耳を傾け、寄り添ってきた著者が、今に続く日々を生きる18人の道のりを伝える。

982 **縄文時代を解き明かす**
――考古学の新たな挑戦　阿部芳郎 編著

人類学、動物学、植物学など異なる分野と力を合わせ、考古学は進化している。第一線の研究者たちが縄文時代の扉を開く!

983 **翻訳に挑戦! 名作の英語にふれる**　河島弘美

he や she を全部は訳さない? この人物は「僕」か「おれ」か? 8つの名作文学で翻訳の最初の一歩を体験してみよう!

984 **SDGsから考える世界の食料問題**　小沼廣幸

アジアなどで長年、食料問題と向き合い、今も邁進する著者が、飢餓人口ゼロに向け、SDGsの視点から課題と解決策を提言。

(2024.4)

岩波ジュニア新書

973 ボクの故郷は戦場になった
——樺太の戦争、そしてウクライナへ

重延 浩

1945年8月、ソ連軍が侵攻を開始し、のどかで美しい島は戦場と化した。少年が見た戦争とはどのようなものだったのか。

974 源氏物語入門

高木和子

日本の古典の代表か、色好みの男の恋愛遍歴か。『源氏物語』って、一体何が面白いの? 千年生きる物語の魅力へようこそ。

975 「よく見る人」と「よく聴く人」
——共生のためのコミュニケーション手法

広瀬浩二郎
相良啓子

目が見えない研究者と耳が聞こえない研究者が、互いの違いを越えてわかり合うためコミュニケーションの可能性を考える。

976 平安のステキな! 女性作家たち

川村裕子
早川圭子絵

紫式部、清少納言、和泉式部、道綱母、孝標女。作品の執筆背景や作家同士の関係も解説。ハートを感じる! 王朝文学入門書。

977 国連で働く
——世界を支える仕事

植木安弘編著

平和構築や開発支援の活動に長く携わってきた10名が、自らの経験をたどりながら国連の仕事について語ります。

978 農はいのちをつなぐ

宇根 豊

生きものの「いのち」と私たちの「いのち」はつながっている。それを支える「農」とは何かを、いのちが集う田んぼで考える。

(2023.11)

― 岩波ジュニア新書 ―

967 **核のごみをどうするか**
――もう一つの原発問題

中澤高師

原子力発電によって生じる「高レベル放射性廃棄物」をどのように処分すればよいのか。問題解決への道を探る。

968 **扉をひらく哲学**
――人生の鍵は古典のなかにある

中島隆博・梶原三恵子
納富信留・吉水千鶴子 編著

親との関係、勉強する意味、本当の自分とは？……人生の疑問に、古今東西の書物をひもといて、11人の古典研究者が答えます。

969 **在来植物の多様性がカギになる**
――日本らしい自然を守りたい

根本正之

日本らしい自然を守るにはどうしたらいい？ 在来植物を保全する方法は？ 自身の保全活動をふまえ、今後を展望する。

970 **知りたい気持ちに火をつけろ！**
――探究学習は学校図書館におまかせ

木下通子

レポートの資料を探す、データベースで情報検索する……、授業と連携する学校図書館の活用法を紹介します。

971 **世界が広がる英文読解**

田中健一

英文法は、新しい世界への入り口です。楽しく読む基礎とコツ、教えます。英語力不問、この1冊からはじめよう！

972 **都市のくらしと野生動物の未来**

髙槻成紀

野生動物の本当の姿や生き物同士のつながりを知る機会が減った今、正しく知ることの大切さを、ベテラン生態学者が語ります。

(2023.8)

岩波ジュニア新書

961 森鷗外、自分を探す　出口智之

文豪で偉い軍医の天才？ 激動の時代の感覚に立って作品や資料を読み解けば、自分探しに悩む鷗外の姿が見えてくる。

962 巨大おけを絶やすな！　――日本の食文化を未来へつなぐ　竹内早希子

しょうゆ、みそ、酒を仕込む、巨大な木おけ。途絶えかけた大おけづくりをつなぎ、その輪を全国に広げた奇跡の奮闘記！

963 10代が考えるウクライナ戦争　岩波ジュニア新書編集部編

この戦争を若い世代はどう受け止めているのでしょうか。高校生達の率直な声を聞き、平和について共に考える一冊です。

964 ネット情報におぼれない学び方　梅澤貴典

新しい時代の学びに即した情報の探し方や使い方、更にはアウトプットの方法を図書館司書の立場からアドバイスします。

965 10代の悩みに効くマンガ、あります！　トミヤマユキコ

悩み多き10代を多種多様なマンガを通してお助けします。萎縮したこころだがふわっと軽くなること間違いなしの一冊。

966 新種発見物語　――足元から深海まで11人の研究者が行く！　島野智之・脇 司 編著

虫、魚、貝、鳥、植物、菌など未知の生物の探究にワクワクしながら、分類学の基礎も楽しく身につく、濃厚な入門書。

(2023.4)

岩波ジュニア新書

955 世界の神話 躍動する女神たち
沖田瑞穂

強い、怖い、ただでは起きない、変わってる⁉ 世界の神話や昔話から、おしとやかなイメージをくつがえす女神たちを紹介！

956 16テーマで知る 鎌倉武士の生活
西田友広

鎌倉武士はどのような人々だったのでしょうか？ 食生活や服装、住居、武芸、恋愛など様々な視点からその姿を描きます。

957 "正しい"を疑え！
真山 仁

不安と不信が蔓延する社会において、自分を信じて自分らしく生きるためには何が必要なのか？ 人気作家による特別書下ろし。

958 津田梅子──女子教育を拓く
髙橋裕子

日本の女子教育の道を拓き、シスターフッドを体現した津田梅子の足跡を、最新の研究成果・豊富な資料をもとに解説する。

959 学び合い、発信する技術──アカデミックスキルの基礎
林 直亨

アカデミックスキルはすべての知的活動の基盤。対話、プレゼン、ライティング、リーディングの基礎をやさしく解説します。

960 読解力をきたえる英語名文30
行方昭夫

英語力の基本は「読む力」。先生と生徒の対話形式で、新聞コラムや小説など、とっておきの例文30題の読解と和訳に挑戦！

(2022.11)

岩波ジュニア新書

949 進化の謎をとく発生学
——恐竜も鳥エンハンサーを使っていたか
田村宏治

進化しているのは形ではなく形作り。キーワードは、「エンハンサー」です。進化発生学をもとに、進化の謎に迫ります。

950 漢字ハカセ、研究者になる
笹原宏之

著名な「漢字博士」の著者が、当て字、国字、異体字など様々な漢字にまつわるエピソードを交えて語った、漢字研究者への成長記。

951 作家たちの17歳
千葉俊二

太宰も、賢治も、芥川も、漱石も、まだ「文豪」じゃなかった——十代のころ、彼らは何に悩み、何を決意していたのか?

952 ひらめき! 英語迷言教室
——ジョークのオチを考えよう
右田邦雄

ユーモアあふれる英語迷言やひねりのきいたジョークのオチを考えよう! 笑いながら英語力がアップする英語トレーニング。

953 大絶滅は、また起きるのか?
高橋瑞樹

生物たちの大絶滅が進行中? 過去五度あった大絶滅とは? 絶滅とはどういうことでなぜ問題なのか、様々な生物を例に解説。

954 いま、この惑星で起きていること
気象予報士の眼に映る世界
森さやか

世界各地で観測される異常気象を気象予報士の立場で解説し、今後を考察する。雑誌『世界』で大好評の連載をまとめた一冊。

(2022.7)